创新市场理论后续研究之一
Follow-up Work 1 of Innovation Market Theory

# 专利经济学

## ——基于创新市场理论的阐释

## Living Issues in Patent Economics:
## From the Perspective of Innovation Market Theory

吴欣望　朱全涛/著

知识产权出版社
全国百佳图书出版单位

**图书在版编目（CIP）数据**

专利经济学：基于创新市场理论的阐释/吴欣望，朱全涛著.
—北京：知识产权出版社，2015.9
　　ISBN 978-7-5130-3682-5

Ⅰ.①专…　Ⅱ.①吴…②朱…　Ⅲ.①专利—经济学—研究　Ⅳ.①G306.0

中国版本图书馆 CIP 数据核字（2015）第 177066 号

责任编辑：黄清明　　　　　　　　责任校对：董志英
封面设计：邵建文　　　　　　　　责任出版：刘译文

**专利经济学**
——基于创新市场理论的阐释
吴欣望　朱全涛/著

| | | | |
|---|---|---|---|
| 出版发行：知识产权出版社有限责任公司 | | 网　　　址：http：//www.ipph.cn | |
| 社　　　址：北京市海淀区马甸南村 1 号（邮编：100088） | | 天猫旗舰店：http：//zscqcbs.tmall.com | |
| 责编电话：010-82000860 转 8117 | | 责编邮箱：hqm@cnipr.com | |
| 发行电话：010-82000860 转 8101/8102 | | 发行传真：010-82000893/82005070/82000270 | |
| 印　　　刷：三河市国英印务有限公司 | | 经　　　销：各大网上书店、新华书店及相关专业书店 | |
| 开　　　本：720mm×960mm　1/16 | | 印　　　张：12.25 | |
| 版　　　次：2015 年 9 月第 1 版 | | 印　　　次：2015 年 9 月第 1 次印刷 | |
| 字　　　数：208 千字 | | 定　　　价：48.00 元 | |

ISBN 978-7-5130-3682-5

本书写作受教育部人文社会科学青年基金项目资助
（编号：13YJC630182）

# 自　序

借写本书之机，我对过去十年来国际专利经济学领域的发展进行了梳理。我不得不佩服美国的经济学同行们，在这十年里，不管是研究理念、方法还是研究的问题又朝前迈进了一大步。从人员上看，十年前已经作出过贡献的资深学者们继续推出新的力作，一批新学者也加入到这一领域的研究中来。从方法上看，经济学中的十八般武艺悉数被运用到专利领域，既有宏观模型，又有微观的博弈、信息与激励；既有规范性理论分析，又有实证性经验分析；既有当代政策评估，又有大跨度的历史考察，均在分析专利问题上进行了运用。让人不得不感叹：好一派百舸争流的繁荣景象！其后果是，在政策制定上，美国学界可以对具体政策的利弊进行清晰阐释和客观测量，一些颇具智慧的政策如先申请发明人制、在 TPP 框架下推行的知识产权策略等不断地被设计出来，以增加美国的国家竞争力。可以说，撰写此书的过程，也是解读和欣赏国际同行们的思维方式的过程。

相比之下，近十年来我国经济学界对这一领域的研究进展是缓慢的，尚没有形成百舸争流的局面。学术的低迷似乎与政府对知识产权战略的大力宣传形成了强烈反差。我不知道在其他领域是否也存在类似的反差，即，一方面政府部门大力推广某一领域的工作，另一方面，相应领域的学术研究推陈出新的步伐又非常缓慢。如果这是一种全局性的现象，那么，中国的经济学研究现状不仅与中国的大国地位很不相称，而且终将对中国经济体制改革造成拖累。

我时常会看到一些国家阴谋论的言论。通常说的是，如果一个发展中国家在某一方面出了问题，就是被某大国要了阴谋。这让我联想到这样一个情景：一个大人和一个小孩子下棋。大人了解小孩子的想法，知道他下一步将怎么做。小孩子却不了解大人的想法。结果，小孩子输了一盘棋后，便骂大人："你要阴谋！"阴谋论的盛行折射出的是不了解对手和无力应对的事实。

要了解对手，就需要学习。就经济学者而言，既需要了解主要理论的发展动态，又需要掌握各类研究方法，还需要对自己所研究的具体领域进行长期跟踪。形象地说，视野要宽阔，功底要厚实，还要善于聚焦到具体问题。

所幸的是，过去十年来，我仍保留着一颗好学之心，虽一度将研究兴趣从专利经济学转移到其他领域，但仍在治学。对各种研究方法的掌握比十年前娴熟了，在创新政策、产业组织和经济史领域积累下来的研究经验对撰写此书亦有益处。此书算是我学术生涯的见证之一。马云曾质疑经济学的有用性，一些学生也曾向我表示他们对经济学有用性的怀疑。二十多年前当我选择这一专业时，就意味着别无选择了。不管经济学真的有用还是没用，至少，我从心理上不愿意接受自己选择的专业是无用的。于是便努力去证明其有用性。

尽管国际经济学界近些年来取得了关于专利经济学的丰硕成果，不过，综观国际学界，尚缺少将这些方方面面的成果梳理出来，给人一目了然且能充分展示经济学生命力的书籍，特别是还没有一部完整地介绍专利政策如何影响市场运行的书籍。本书力图填补这一空缺。这一定位也使得本书的撰写和问世是一件有意义的事情。

本书借助创新市场理论来评价专利制度的经济影响。2012 年出版的拙著《创新市场与国家兴衰》构建和论证了创新市场理论。该理论的政策含义是明确的。若将其应用于当代中国经济发展，则在大方向上的政策主张是通过鼓励市场竞争来推动创新，实现中国经济的可持续增长，同时，在制定教育、科研、金融、外贸等各领域的具体政策时，要以是否有利于提高竞争和创新来作为筛选具体政策的依据。抱着或许能对国家经济政策制定有可资借鉴之处的想法，我们赶在党的十八大之前将该书付诸出版。该书曾初步讨论了专利制度对创新市场的影响。在撰写该书时，我们发现，与其他奖励方式相比，专利制度的积极作用在于使创新市场的结构更有竞争性。美国、英国专利制度改革的历史大方向也是通过制度调整，提高创新市场的竞争性。这一理论不同于国际学界关于专利制度的其他理论。不过，由于该书主要是围绕"创新市场"展开论证，所以并没有对专利制度与市场之间的关系深入阐释。这一任务要靠本书来完成。

本书试图构建起专利政策的理论体系，来阐释政府应该如何去调节和管理"专利市场"，实现该市场的有效运行，继而发挥相关政府部门对经济的调控作用。我们先回顾一下货币政策演变史。在中央银行形成早期，人们还没有系统地认识到中央银行对宏观经济运行的调节作用。这固然与英格兰银行和美国联邦储备局早期仍然实行金属本位货币制度有关，但也反映出人们对货币政策的了解要经历一个逐步探索的过程。20 世纪 50 年代的时候，人们已经逐渐意识到可以借助公开市场业务、贴现率等政策工具，影响到联邦储备基金利率等衡量"货币市场"的关键性指标，并继而影响到宏观经济运行。众多优秀的学者和实务工作者从各方面展开的探索和研究，最终推动了"货币银行学"这门学科的形成。在今天，大学里的经济学、管理学课堂上，《货币银行学》教材向世人展示出一个精致、科学、完备的货币政策理论体系。这其实标志着人类越来越善于主动管理和调节货币市场，以促进经济效率的提高。

而摆在读者面前的这本《专利经济学》，展示的则是人类社会（特别是政府部门）应该如何去调节"专利市场"。专利市场是最为典型的一类知识财产市场。在这个市场上，专利权或对受专利保护的技术的独占权以各种方式实现其市场价值。尽管专利市场在18世纪和19世纪的英国、美国就已经开始萌发并得到一定发展，但是，长久以来并没有吸引到多少关注。只是在20世纪90年代以来，随着一些金额巨大的专利交易事件和专利赔偿案件的发生，这一市场才开始吸引到比较广泛的关注。一般认为，包括美国在内的全球专利市场的发展还远没有达到成熟的程度，体现为市场流动性低、存在不少交易障碍等。

这本《专利经济学》努力构建起一个科学体系，来阐释政府应该如何去调节和管理"专利市场"，实现该市场的有效运行，继而发挥相关政府部门对经济的调控作用。我认为这本书的问世是必要的。尽管国际同行们从各个角度、运用不同方法阐释了这一领域内的不同问题，但从政府决策部门的角度看，以及从学生学习的角度出发，都需要一本系统、清晰地论证"专利市场"的运行及政府对该市场的调控方式的书籍。自认为，随着时间的流逝，本书朝这一方向的努力，最终会得到国际同行们的认同。构建起这一论证"专利市场的运行及政府对该市场的调控方式"的学科体系，对撰写者的素质提出了挑战。仅仅列出一个分析框架是远远不够的。撰写者不仅需要阅读大量的国际经济学界文献，而且自身还要对相关问题有独特理解，并作出一些理论和方法上的创新。我们虽进行了尝试，但还需要大量后续工作。

在梳理和介绍国际经济学同仁的相关成果时，我们努力作出自己的贡献，并力图使本书内容独具特色。除了运用新的理论视角分析问题外，本书还突出历史分析，以拓展读者的视野和加深对相关议题的理解。此外，本书还力图清晰地刻画出专利政策的整个逻辑体系。

全面揭示专利与市场之间的关系，是本书的一大特色。十八届三中全会提出要"发挥市场的决定性作用"。各类专利从业人员也需要认识和尊重市场的决定性作用。这意味着，司法人员要意识到司法判决对市场运行的影响、审查人员要意识到授权决策对市场竞争的影响、企业专利管理人员要清楚意识到自身在市场环境中所处地位并以此作为决策依据、政府决策部门要对各类政策对市场运行的影响进行事前评估和事后跟踪、中介机构要从对市场的分析中寻找开展业务的机会，等等。不过，认识和尊重市场的决定性作用，首先还得从学界做起。专利和市场之间的关系是比较复杂的。迄今为止，国内外还没有一本全面详尽地揭示专利和市场之间复杂关系的专著。尽管已经有针对某个问题进行详细论证的大量研究文献，但社会依然需要一本以"揭示专利与市场之间关系"为主题的全景式论著。

本书特别关注专利制度对市场结构的影响，读者不难从目录中反复出现的"市场垄断"等描述市场结构的词汇中感受到这一写作思路。回顾学术思想的发展历史，不难发现，经济学特别是产业组织理论在反垄断领域的应用，使人们更加深刻准确地理解了反垄断制度与市场之间的关系，从而使"二战"后美国反垄断制度的运作步入了一个更精确的繁荣时代。类似地，如果经济学能充分理解专利制度和市场结构之间的相互影响，也可能会使专利政策的制定迎来一个新的发展阶段。

具体地说，本书从以下方面来解析专利与市场之间的关系：以对市场的影响为标准，评价专利制度对经济发展的作用，提出专利制度影响经济发展的独特之处在于"增强了创新市场的竞争性"；分析专利审查和授权行为对市场结构的影响，提出审查的主要任务是避免对"坏的垄断"进行授权和避免对"好的垄断"不授权；阐释政府的专利收费影响着市场结构从而已经被各国政府当成策略性的政策工具来使用；阐释经济学家们提出的专利保护"长度"和"宽度"的概念与市场结构之间的紧密联系；阐释专利技术交易市场的演变和影响其流动性的因素；阐释国际专利协调和区域专利合作对国际技术市场产生的影响；阐释职务发明制度的调整如何提高创新市场的竞争性；论证司法体制的不同和判决方式的调整对创新市场结构产生的影响；阐释专利制度对宏观经济表现的影响；阐释政府如何借助专利制度所提供的各类政策工具来调整市场结构、改进市场运行效果。在本书的最后一章，将专利制度与反垄断制度放在同一个理论框架下考察。专利制度与反垄断制度都是以维持有效率的市场结构为任务的制度。两者都允许对社会有益的垄断，反对于社会无益的垄断。现代政府的经济职能就是对市场结构进行界定，而专利制度和反垄断制度是帮助政府履行这一职能的两大制度。将这两大制度放在同一理论框架下考察，有助于人们集中关注和甄别这两大制度对市场结构和市场绩效的影响。

　　希望本书能为我国政府制定相关政策提供借鉴。中国是一个处于转型过程中的发展中国家，政府部门不仅承担着规范市场的职能，还承担发展中转型国家政府所特有的培育市场和调整市场结构的职能。如果将国家知识产权局的英文名称 SIPO 直译成汉语，其实是知识财产局或智慧财产局。对英文名称的直译似乎比中文名称更能完整地体现这一政府职能部门追求的目标，即对促进知识财产的创造、推广、运用和实施，或者，（从经济学角度看）促进知识财产市场的繁荣。这意味着，本书对市场和专利之间关系的研究可能仅仅是一个起点，未来还有大量需要深入研究的具体议题。

作者

2014 年 6 月

# 目　录

# CONTENTS

# 图表目录

# 第一章　增强创新市场竞争性的专利制度

## 1.1　解释专利制度经济社会功能的不同理论

为什么有必要对新技术授予专利权？这既是一个涉及回答专利制度的经济社会功能的基础性理论问题，也是一个影响着立法界、司法界和政策界决策的实际问题。对这一问题，人们提出了不同的回答。最普遍接受的回答是，授予专利权是为了维持对创新活动的激励。即通过授予专利权人一定时期的市场垄断权，使其获得超额利润，让人们有积极性来从事创新。尽管授予专利权会导致市场垄断，但人们通常认为这一代价是值得付出的。美国宪法明确规定，授予知识产权的目的是"鼓励科学和有用工艺的进步"。一些法官在作出有利于专利权人或维持专利权有效性的判决时，也时常以维持对创新的激励为理由。这一理论被称为"报酬论"（Reward Theory）。这一理论很早就诞生了，如 Bentham（1795）、Say（1803）、Muller（1848）和 Clark（1907）都持有这一观点。经济学家们提出的"非竞争性"这一概念进一步强调了通过授予专利独占权来激励创新的必要性。物品的竞争性是指，增加一个使用者会减少其他者获得的数量或质量。例如，就一个苹果而言，别人多吃一口你便会少吃一口。相反，非竞争性是指，增加一个使用者并不提高其他使用者的成本。新知识或新技术具有的非竞争性特征是指，新技术发明出来后，发明人可以用，了解技术信息的非发明人也可以用，且后者的使用行为并不提高前者的使用成本。但是，发明人和非发明人在市场销售环节会展开竞争，如果不提供专利保护，付出了研发成本的发明人将在和非发明人的市场竞争中处于劣势，甚至被非发明人淘汰出市场。这最终会抑制人们的研发积极性。而专利制度将独占权授予发明人，使其获得报酬，维持从事发明活动的积极性。

早期的理论还有自然权利论。该理论认为，人们对自己大脑制造出来的东西自然而然就应该拥有产权，即谁制造，谁拥有。如同人们自然而然地与自己生出来的小孩形成父母子女关系一样。该理论在专利制度发展的早期有一定影响力，如推动着法国专利制度从封建残骸中脱胎而出。但这一理论在后来实践中的应用价值有限。

在继续介绍回答"为什么需要对新技术授予专利权"这一问题的其他理论之前，有必要介绍一下形形色色的专利制度无效论。这是因为对专利制度的经济社会功能进行解释的理论在一定程度上就是为了反驳"专利制度无效论"而出现的。自专利制度诞生以来，甚至直到今天，认为该制度无效或弊大于利的声音就没有彻底消失过。● 认为专利制度无效的理由是，发明活动源于专家们的灵感，与物质激励并无多大关系，即使有些发明是受到物质诱惑而产生的，但通过率先占领市场而谋取的超额利润已经足够补偿发明活动时耗费的成本，因此，没有必要通过专利权增加额外的垄断利润，授予专利权其实是多余的（Taussig，1915；Pigou，1920）。Plante（1934）提出，专利制度甚至是有害的，无论有没有专利制度，自由市场价格的刺激会像在有形产品的生产中一样，导致经济上最有效率的生产发明。专利制度仅仅是通过人为垄断而减少了社会的经济福利。Arrow（1962）指出，即便思想产权明显有用，但还是比政府直接投资于发明活动差。❷ 他实际上认为，与其用专利制度来激励创新，不如用政府直接投资研发来创新。

总之，无效论认为创新活动其实无需专利制度的激励。这给"报酬论"（Reward Theory）带来了很大的挑战。在 19 世纪中期，欧洲一些国家出现了反专利运动。一些国家一度取消了专利制度，英国议会也就是否维持专利制度展开辩论。❸ 专利无效论在当时影响比较大，与当时特定的经济社会背景有关。当时，专利保护的有效性比较差，难以有效排斥侵权者或模仿者，于是，一些人花钱申请了专利后，仍然只能靠着天然的市场领先优势盈利，申请专利并没有给他们带来额外的收益；另外，由于没有专利审查或审查质量低下，导致一些专利权被滥授，继而导致了不合理的市场垄断，也引起了人们的不满。于是，专利制度对创新没有作用的论调引起了较多共鸣。

要让专利制度继续运行下去，需要有新的理论来加以支持。"契约论"（Contract Theory）就是其一。契约论认为，专利制度的作用在于，通过授予

---

● Michele Boldrin, David K. Levine. The Case against Patents, Federal Reserve Bank of St. Louis. Working Paper Series［EB/OL］. 2012, http：//www. research. stlouisfed. org/wp/2012/2012-035. pdf.

❷ 张五常. 经济解释［M］. 北京：商务印书馆，2000：387.

❸ F. Machlup, E. Penrose. The Patent Controversy in the Nineteenth Century［J］. The Journal of Economic History, 1950, 10（1）：1-29.

发明人一定时期的市场垄断权，诱使专利权人愿意将技术内容公开。因此，专利制度实施的是发明人与社会之间的一场"交换契约"。在这场交换中，发明人获得市场垄断带来的回报，社会获得新知识。该原则在 Universal Oil Products v. Globe Oil & Refining（1944）判例中得到了体现。美国最高法院在该案中申明："美国对放弃保密的发明授予 17 年的保护，这既是为了给创新回报，也是为了鼓励技术公开。技术公开应该能够使得熟悉这一行业的人在垄断期过后能够实施该技术。"❶ 契约论与报酬论在逻辑上不同，但两者并不排斥。在上述判例中还是互相补充的。契约论可以被用来反驳 Plante（1934）的观点。普兰特（Plante）认为，虽然专利制度在某些情形下能够刺激发明活动，但垄断权的存在本身会给社会带来代价，两者相衡，可能得不偿失。而契约论则主张，这一垄断权的存在是推动技术公开、增进人类知识存量所必需的。

"前景理论"（Prospect Theory）强调了专利制度刺激人们对商业价值尚不确定的新技术进一步开发的作用（Kitch，1977）。❷ 关于专利制度的前景理论与行为经济学中的前景理论是两码事。在行为经济学领域，卡尼曼（Kahneman）因前景理论获得 2002 年诺贝尔经济学奖。而关于专利制度的前景理论是 Kitch 于 1977 年提出的。此"前景理论"非彼"前景理论"。关于专利制度的前景理论所观察到的现实背景是，许多专利在申请和授权时商业价值不确定或实际上还不能产生商业价值。对这类技术而言，通过授予专利权，其他人未经早期发明人的允许都不能使用该技术，于是，早期发明人就有了动力对该发明进行改进和为该发明寻找新用途。这类似于 19 世纪下半期美国的西部矿权制度。该制度的特点是，政府本来拥有公共土地的所有权。但是，为了激励私人部门对地下可能有的矿藏进行有效开采，政府授权在公地上第一个发现矿藏的人享有独占开采权。提出独占权申请的人并不需要证明该矿藏存在商业价值，他只需在地表发现无需深入开采即可获得的矿藏即可。类似地，当石油在西部成为有重大商业价值的资源时，面临着不投入巨资勘探就无法证明是否有油的问题。联邦政府解决这一问题的思路是将独占权在进行勘探之前就授予有能力勘探和开采的主体，以鼓励对该地石油进行勘探。

❶ Vincenzo Denicolò, Luigi Alberto Franzoni. The Contract Theory of Patents [J]. International Review of Law and Economics, 2004, 23（4）: 365-380.

❷ Edmund W. Kitch. The Nature and Function of the Patent System [J]. The Journal of Law & Economics, 1977, 20（2）: 265-290.

上述采矿权与专利权类似之处在于，均需对独占使用的资产范围进行界定，独占权也可转让。更主要的类似之处在于，两者均是对某种可能带来不确定收益的资产授予独占权。即便权利人能够获得收益，也还需要进行后续投资。而授予独占权的目的就是鼓励专利权人从事后续研发。前景理论的政策含义之一是，如果某项专利被授权后 5 年内，都一直处于继续研发和寻找商业化方案的状态，直到第五年才能真正获得市场回报，那么，为了鼓励专利权人的"勘探性"投资，政府应该在剩下的保护期内让该专利技术获得的回报足够大，才能维持对后续"勘探性"投资的激励。前景理论的局限性在于，它只考虑了专利权对早期发明人的激励。Scotchmer（1991）注意到其他人也可以对早期发明进行改进，这又引发了如何在早期发明人和后续发明人之间进行利益平衡的问题。❶

1972 年诺贝尔经济学奖得主 Arrow（1962）发现，专利制度具有让原本难以被交易的技术变得可交易的功能。他认为，包括新技术、新想法等在内的原创性信息，很难像普通商品那样被交易。这是因为在交易时面临以下两难选择：如果卖方不向潜在的买方解释信息的具体内容，买方就会由于不了解商品的实际用途而不愿意出价购买；但若卖方告诉了买方内容，那么，买方既然已经知道，就可以以该信息对自己没有用而不花钱购买。这种困境限制了新技术的交易。阿罗（Arrow）认为，专利制度能够部分地缓解这一困境。专利制度在将关于新技术的知识公布的同时，防止别人未经专利权人许可的实施，从而使得关于新技术的知识变得可交易。这一理论，不妨称之为"技术可交易论"。

吴欣望和朱全涛（2012）构建的"创新市场理论"则进一步认为，专利制度的功能在于它增强了以新技术、新构思为交易对象的市场（即创新市场）的竞争性。该理论综合考察专利制度对创新市场上的供给者和需求者的个数的影响。具体说来，专利独占权的垄断利润诱使更多人或机构从事发明，导致创新市场上的供给者个数增加；专利信息的公开使人们能在借鉴前人成果的基础上从事研发，降低了研发成本、提高了研发效率，也有助于增加供给者的个数；同时，专利信息对社会公开，容易吸引更多的技术需求者。这一理论不仅兼容和整合了上述几种理论，而且，能够让人们从整个市场运行的角度来理解专利制度的功能。

---

❶ Suzanne Scotchmer. Standing on the Shoulders of Giants: Cumulative Research and the Patent Law [J]. Journal of Economic Perspectives, 1990, 21 (1): 131-146.

下文将要论述的是，与政府奖励、技术保密等方式相比，专利制度如何具有增强创新市场竞争性的独特功能。并且，还将结合世界范围内专利制度改革的大趋势，来说明创新市场理论对实际立法工作的潜在借鉴之处。主要观点是，创新市场理论可以为专利制度改革提供大致方向，即有利于提高创新市场竞争性的专利制度或专利法的调整才是可取的。

## 1.2 专利制度的诞生增强了创新市场的竞争性❶

在专利制度诞生之前，保密和政府奖励是发明者获取回报的主要方式。在古代，在普通老百姓所消费的商品领域，技术创新有时候也会出现。这时候，对工艺进行保密，不卖技术、只卖产品，通过对产品市场垄断来获利，是获取收益的主要手段。这意味着，创新将主要发生在新技术、新工艺容易被保密的领域。在保密的条件下，创新者通过生产产品来独占或垄断该产品的市场，其创新体现在产品之中，因此，所涉及的产品市场通常是卖方垄断的情形，而买方则是竞争性的。不过，如果该产品面临类似的替代品，则是卖方垄断竞争或卖方寡头竞争、买方竞争的市场结构。注意，创新市场（innovation market）是新技术、新构思的供给者获得回报的场所，在技术保密情形下，回报主要是通过对相关产品市场的垄断或寡占来实现的，因此，该情形下创新市场表现为被垄断了的产品市场。

在君主或政府奖励方式下，君主或政府是市场上的买方，发明者是卖方。在君主集权体制下，军事工业领域技术创新的需求者主要是君主或政府。这意味着军事工业技术由君主或政府垄断购买，从而创新市场具有买方垄断的特征。多个军事工场及多个技术工人，为了获得皇帝的嘉奖而努力创新，他们之间存在一定的竞争，因此，卖方并不具有垄断力量。一个广为人知的政府奖励创新的例子是地球经度位置的确定，约翰·哈里森制造的航海钟获得了英国议会公布的"经度法案"悬赏的两万英镑奖金，成就了英国的海上霸权。

专利制度的出现，使创新市场的需求个数和供给个数都增加了，从而增强了创新市场的竞争性。专利制度通过3个机制使创新市场的供给更具竞争性。

其一，专利制度改变了技术创新仅局限于帝王需求或主要发生于适合保密领域的狭隘局面。专利制度使发明成果本身成为一种可被广泛交易的商品。人们可以从事任何领域、任何用途的发明，并将其在创新市场上出售。这使得可供交易的对象更广泛了。这增强了创新市场供给的竞争性。1851年，在

---

❶ 吴欣望，朱全涛. 创新市场与国家兴衰 [M]. 北京：社会科学文献出版社，2012：11.

伦敦水晶宫举办了技术博览会，这是第一次让各国的发明者和企业交换技术信息的世界大会。1876年在美国费城又举办了一次。Petra（2003）对两次博览会的新技术进行研究后发现，在那些没有实施专利制度的国家（瑞士、丹麦和荷兰），创新主要集中在食品加工和加工工具两个领域，因为这两个领域更容易保守技术秘密。而在那些实施了专利制度的国家，技术创新则分布在更广泛的领域，如机械发明等。在水晶宫的那次博览会中，无专利制度国家的创新中四分之一的是加工工具创新，而实施专利制度的国家的比例则低于七分之一。❶ 这充分说明了专利制度激励人们在更广泛的领域创新，而不仅仅是那些不容易守住商业秘密的领域。于是，更多生产领域的技术供给都更具竞争性了。

其二，专利制度下会公开被授权专利的技术细节，导致其他人可以在参考已有发明的基础上从事改进，因此，技术之间的替代性增强了，并由此导致技术卖方之间的竞争性增强，即卖方也具有竞争性，不再像保密生产那样具有强垄断性了。

其三，专利制度下，任何人的发明只要被授予了专利权，便可成为创新市场上的供给者。这扩大了创新供给者的来源。这使创新的供给者并不局限于能够了解君主需求者等少数人群。对那些头脑聪明但出身普通的人来说，专利制度为其提供了一条通向富裕阶层的途径。

专利制度还使得创新市场的需求更具竞争性。由于技术的信息对社会公开，任何人都可以为获得专利技术的使用权而竞争购买，也就是说，买方具有竞争性，不再由君主或政府垄断，这有利于增进发明人的利益。

总之，专利制度的出现，使得创新市场的买方和卖方都更具竞争性了。如图1.1所示，在君主奖励的体制下，君主成为垄断买方。发明人从创新中获得回报的多少，只能取决于君主的喜好，既不确定，也往往不充分；❷ 如图1.2所示，在技术保密的方式下，其他人无法获取技术信息继而在该技术的基础上进一步改进，导致发明人拥有强的卖方垄断地位，这导致产品的销量往往很有限，妨碍了更多人享受新技术、新产品带来的好处。此外，为了有效保密，发明人还只能亲自实施，难以许可给他人实施或大规模雇工生产，导

❶ Petra Moser. How do Patents Laws Influence Innovation? Evidence from Nineteenth Century World Fairs [EB/OL]. Working Paper 9909, 2003, http://www.nber.org/papers/w9909.

❷ 秦国在技术上领先于其他诸国，为其统一大业奠定了技术基础。商鞅变法的一个重要措施就是确立政府的信用。商鞅立木建信的故事集中体现了商鞅变法的这一思路。政府信用的确立，缓解了阿罗（Arrow）提出的信息交易所面临的困境。

致为发明付费的需求者有限。相比之下，专利制度下，专利技术的买方和卖方都增加了，使创新市场更具竞争性，如图 1.3 所示。

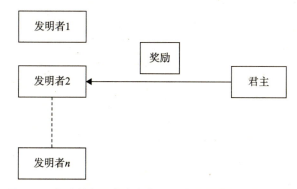

**图 1.1 奖励制度下卖方竞争、买方垄断的创新市场结构**

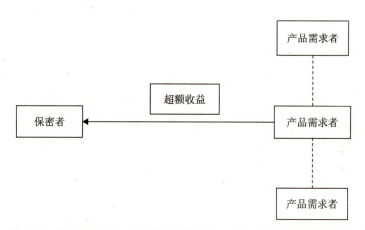

**图 1.2 保密制度下卖方垄断或垄断竞争、买方竞争的创新市场结构**

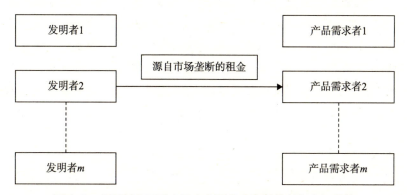

**图 1.3 专利制度下买卖双方都更趋竞争性的创新市场结构**

## 1.3  专利制度的调整如何增强创新市场的竞争性

自专利制度诞生以来，越来越多的国家建立了这一制度。在漫长的岁月中，各国都对专利制度进行了调整。尽管各国调整专利制度的路径各不相同，但大体内容均包括对新颖性和创造性进行实质性审查、延长专利保护期限、推广专利信息、国家之间更容易相互申请、引入授权前异议程序等方面。

早期，多数国家并不对新颖性进行实质性审查。尽管美国专利制度建立之初，由国务卿、国防部长及首席检察官组成的专利委员会对提交专利申请的技术进行审查，在认为相关的机械或装置达到新颖性等要求后，授予 14 年的专利保护，但是专利委员会的 3 位官员很快就无法应对来自各个技术领域的日益复杂和繁多的专利申请了。于是，1793 年，国会通过了新的《专利法案》，不再对专利申请进行实质性审查。申请者只需提交完整的申请材料和缴纳必要费用，就可以自动获得专利证书。英国直到 1905 年才建立对新颖性进行实质性审查的制度。

不进行新颖性审查带来的问题是，解决是否具有新颖性以及是否适合被授予专利保护的潜在争议留给法院来解决。但打官司成本高昂，而且耗时长。这削弱了对发明活动的激励，减少了供给者个数；同时，由于专利权具有较大的不确定性，削弱了企业界或投资界购买专利权的意愿，减少了需求者个数。相反，引入新颖性审查，使获得授权的权利具有较大稳定性，有利于同时提高专利技术交易市场上的需求者和供给者个数，或者说，增强创新市场的竞争性。

创造性标准也被引入到实质审查中来。中国《专利法》对发明的创造性规定为："创造性，是指与现有技术相比，该发明具有突出的实质性特点和显著的进步"。如果没有创造性要求，那么，其他人只需对原创性发明稍加修改就可获得新的专利。这样，发明人将面临众多替代产品的竞争，无法从专利权中获得足够的市场垄断利润。这会削弱人们从事创新的积极性，减少创新市场上的供给者个数；也会削弱潜在的技术需求者向专利权人购买专利权的动机，减少创新市场上的需求者个数。相反，对创造性标准进行实质性审查，可以增加供给者和需求者，提高市场竞争程度。

专利制度诞生以来，全世界的专利保护期整体上经历了一段被延长的过程。例如，1850 年的时候，巴西和意大利的保护期一般为 5 年，智利为 10 年（从在第一个国家生效的日期开始算起），俄罗斯为 10 年（从专利授权日开始算起）。到 1999 年，巴西延长为 20 年（从专利申请日开始算起），智利延长为 15 年，俄罗斯延长为 20 年（从专利申请日开始算起）。❶ 在专利制度早期，发明活动需要投入的人力和物力资源较少，较短的专利保护期就可以起到激励发明的效果；随着研发活动日益复杂，所需投入也增加了。如果仍然维持较短的保护期，越来越多的发明会难以获得足额回报，创新市场上的供给者个数会减少。因此，延长保护期成为维持发明热情、使创新市场上的供给者个数足够多的措施。

在专利制度的漫长演变过程中，专利信息越来越容易被公众获取。在英国，直到 19 世纪中期，如果有人想阅读专利文献，就必须亲自跑到伦敦，缴纳一笔费用后才能进去查阅。大量的专利文献没有经过编码，也没有检索方式，杂乱地堆放在 3 个房间里，使查阅非常不方便。1852 年进行的英国专利制度改革中，建立了对专利信息印刷和出版的制度。❷ 美国在建立专利法的早期就发布关于专利知识的信息，使专利信息能够被公众容易获得和快速扩散。1805 年，国会决定发布上一年被授权的专利名单；1832 年之后，对过期专利的通知也在报纸上进行发布。专利办公室本身是新工艺信息的集中来源，专利办公室还组织发明者展示其专利模型。❸ 在今天，借助互联网，人们可以更便捷地获取专利信息。关注专利信息的群体可被分为两大类，一类是想从事进一步发明的人，他们需要从现有的技术中获得启示，减少重复性研发；一类是需要使用技术的投资方或企业家群体。因此，专利信息的可获得性增强，可以同时增加技术供给者和需求者的个数，从而增强创新市场的竞争性。

国际专利制度演变的一个基本特征是，一个国家的发明人到其他国家申请专利保护变得越来越容易。专利制度发展初期，不少国家拒绝对外国人授予专利，或者对外国人申请专利设置各种障碍。这导致一个国家的发明人仅能在本国受到专利保护，难以获得其他国家的市场垄断利润。后来，一个国家到另外一个国家申请专利变得越来越容易了。以美国为例。1790 年的美国专利法不授予外国人专利权。而且，美国本土人士也不能就外国发明获得专利权。这样，美国人可以自由实施外国专利，而无需支付专利许可费。1800

---

❶ Josh Lerner. 150 Years of Patent Protection ［J］. American Economic Review, 2002, 92 （2）: 221-225.

❷ H. I. Dutton. The Patent System and Inventive Activity during the Industrial Revolution 1750-1852 ［M］. Manchester University Press ND, 1984.

❸ B. Zorina Khan, Kenneth L. Sokoloff. The Early Development of Intellectual Property Institutions in the United States ［J］. Journal of Economic Perspectives, 2001, 15 （3）, 233-246.

年的专利法修订允许已在美国居住两年以上的外国人获得专利权，但申请人需宣誓，表明所提交的发明在美国或国外是未知且没有被使用过。1832 年出台的新专利法案将专利权人扩展到有意成为美国公民的所有外国人，但若在授权日起 1 年内不在美国公开实施其发明，则授予此专利权人的任何专利是无效的。1836 年，对申请者在公民和居住方面的限制被消除了，取而代之的是歧视性的专利收费。各国公民缴纳的专利费是不一样的。美国公民只需交30 美元，外国人需交 300 美元，其中英国人则必须交 500 美元。1861 年之后，专利申请和专利授权对所有国籍的申请者一视同仁，最终实现了体现美国专利制度"对所有国家的所有人授予相同的权利"的精神。❶ 其他国家对外国发明人申请专利的态度也经历了类似过程。

更低的跨国专利申请门槛可以通过以下渠道增强创新市场的竞争性。首先，对一个发明人而言，在更多的国家获得专利保护，意味着更多的垄断利润。这会刺激更多发明人从事研发活动。这会增加一国创新市场上的供给者个数；其次，随着越来越多的国家签署《巴黎公约》，一个国家的居民在其他国家顺利获得专利保护的同时，该国也要对其他国家的居民以国民待遇条件提供专利保护。随着外国申请者的增加，本国居民能接触到的以本国文字表述的专利文献增加了，同时，能够掌握国外技术进展的人群也扩大了，不再局限于那些能克服语言障碍、主动获取以他国文字表示的技术信息的人群，这均有利于增加该国技术市场上的供给者个数；最后，一项在多个国家获得专利保护的新技术可以在多个国家进行商业化，可供选择的商业合作伙伴和最终消费者的个数都增加了。

专利收费的调整也起着刺激发明和专利申请的作用。最初，英国的专利收费制度非常高昂。狄更斯《穷人的专利》描绘了当时申请专利的烦琐程序以及高昂的费用。申请在英格兰范围内的专利保护需支付 100 英镑，如果想在爱尔兰和苏格兰获得保护，就需要支付 300 英镑，这在当时是一大笔金额。于是，能够享用专利制度的只是知识阶层中富裕的那一部分人；1852 年新出台的专利收费制度要求专利权人最初需支付 25 英镑（相当于当时一个熟练工人半年的工资），3 年后支付 50 英镑的维持费，7 年后缴纳 100 英镑才能获得14 年的最长保护期限，若不缴纳，则意味着自动放弃。这次改革后，专利申请数量有所增加；1883 年，英国专利制度进行了进一步的小幅调整。专利费

---

❶ 姜晖. 美国专利法的历史沿革［EB/OL］. http://wenku.baidu.com/view/d897db1cc5da50e2524d7fc1.html.

继续下调，最初 4 年交 4 英镑，剩下的 150 英镑以逐年递增的方式缴纳。此次改革之后，获得授权的专利数量上升了 150%，意味着价格弹性约为 -0.66。❶这种分期收费的做法逐渐演变成专利维持费或年费，被越来越多的国家采用。这可以鼓励人们对应用前景不明确的技术进行研发、申请专利和公开内容，增加创新市场上的供给者个数。

专利制度的其他方面也起着类似的作用。例如，越来越多的国家引入授权前异议程序，即相关人士可以在专利申请提交之后的两个月内对申请提出异议和反对。这种做法使一些争议在被授予专利权之前就被解决，从而增加了被授权专利的稳定性，这有利于让投资者或企业家放心购买专利，增加创新市场上的需求者个数；又如，对侵权者的惩罚力度也要兼顾创新市场的市场结构。1793 年美国专利法曾经对侵权者实施"至少 3 倍"的罚款，但 1836 年调整为"最多 3 倍"。推出前一种标准的目的本来是为了对侵权者形成足够强的威慑，但是，由于法官可以自由裁决的权力很大，一些人担心侵犯到别人的专利权而放弃了对现有技术进行改良的念头。这会减少潜在的技术供给者。调整为"最多 3 倍"后，既能对侵权者形成威慑，也能将其他人的法律风险锁定在一定范围内，起到鼓励更多人从事研发的效果。

2011 年 9 月 8 日，美国参议院以 89 票对 9 票通过《Leahy-Smith 美国发明法案》，被奥巴马签署后生效。《Leahy-Smith 美国发明法案》被认为对美国专利制度进行了自 1952 年以来的最大改革。它在很大程度上采纳了参议院于 2009 年讨论的《专利改革法案》的内容。该法案以其提议者 Patrick Leahy 和 Lamar Smith 命名。此次改革的一大内容是让授权后的争议尽可能低成本地得到解决。此次明确了行政部门可以对某些类型的争议进行判决。这比传统的由法院判决要更快捷、成本也更低廉。这有利于权利的稳定，既有利于作为供给方的专利权人，也有利于作为需求方的投资者或企业家。从而有利于增强创新市场的竞争。从大的历史发展趋势来看，全球专利制度改革的主线就是通过增强创新市场上的供求者个数和需求者个数，实现持续的技术创新。

可见，专利制度调整的背后逻辑是要有利于提高创新市场的竞争性。尽管人们的认识并没有到达这样的经济学理论高度，但在实际决策中通常是按照这一要求思考的。一个典型例子是 2007 年被提交的美国《专利改革法案》。该法案要求将美国实施多年来的先发明制改为先申请制。

---

❶ C. MacLeod, J. Tann, J. Andrew. Evaluating Inventive Activity: The Cost of Nineteenth-century UK Patents and the Fallibility of Renewal Data [J]. The Economic History Review, 2003, 56 (3): 537-562.

先发明制是美国长期坚持的传统。美国颁布专利法伊始，就规定只有发明人才有资格申请专利。美国的专利法是在 1790 年建立的，其依据是美国宪法的第 1 款。该条款的内容是"为了鼓励科学和有用工艺的进步，可对作者和发明人授予关于其著作和发明的一定期限权利"。1792 年，Joseph Barnes 宣称："依据宪法，每个美国公民都有资格拥有源自自我灵感的智力成果。"❶

美国专利法 102 条第 f 款规定破坏可专利性的情形之一是专利申请人并没有亲自发明申请专利的技术。如果事后发现申请专利时名义上的发明人其实并不是真正的发明人，则可以取消专利授权。这样做的一个后果是非发明人难以用他人的发明成果来垄断市场。特别是，如果一个人没有发明某项技术，而只是拿其他国家的人发明出来的技术来美国申请专利，则会由于不是发明人而被拒绝授权或被事后撤销。这使得在美国可以自由实施那些在其他国家发明但又没有在美国申请专利的技术。这既有助于让美国公民低成本地享受国外技术带来的便利，也有利于国外技术在美国的实施和快速扩散，以及鼓励更多本地人对外国技术进行改良，从而提高美国当地人供应新技术的能力，提高美国创新供给的能力。

先发明制还通过另外一个更重要的机制提高美国的创新供给能力，并增强其创新市场的竞争性。那就是，让独立发明人和小企业在与大企业的竞争中处于相对有利的地位。大企业虽然拥有市场和资金的优势，但是，对一些发明而言，更为关键和稀缺的并不是研发资金，而是研发人员的努力和灵感。大量的发明在小企业内同样可以进行。在金融体系发达的国家，一项具有好的市场前景的技术一旦得到有效的专利保护，会容易吸引到资金。先发明制下，独立发明人和小企业能够相对从容地在发明更成熟的稍晚时候提交专利申请，不用担心被其他企业抢先申请。与先申请制相比，先发明制对独立发明人和小企业更有利的看法受到了 Shih-tse & Dhanoos（2000）的支持。

Shih-tse & Dhanoos（2000）对加拿大从先发明制转向先申请制的影响进行了考察。长期以来，加拿大在专利制度上采取了美国模式。1869 年加拿大专利法采用的也是先发明制，即将专利权授予第一个发明人。此外，加拿大还像美国那样采用了比较严格的实质性审查。这些基本特征一直被保留到 20 世纪 80 年代早期。1987 年，加拿大专利法经历了一次大调整。这次调整的主要推动力量是那些习惯了先申请制的欧洲和日本大型跨国公司。这些跨国公

---

❶ Oren Bracha. The Commodification of Patents 1600-1836: How Patents Became Rights and Why We Should Care [J]. Loyola of Los Angeles Law Review, 2004, 38（1）: 177.

司（特别是制药公司）还要求对药品提供产品专利保护，并缩小强制许可的适用范围。1986 年提交的修改建议于 1987 年通过和 1989 年生效。这次改革使加拿大的专利制度更接近欧洲发达国家。❶

2007 年，类似的改革建议在美国也被提了出来。那么，美国是否应该进行采用先申请制呢？Shih-tse & Dhanoos（2000）的研究为此提供了借鉴。他们发现，尽管该次改革增加了大企业的研发活动，但对独立发明人和小企业不利。此外，并没有对该国的整体研发产出产生任何影响。这说明，专利制度的某些调整并不一定能提高创新市场的竞争性。这一发现让美国在对先发明制进行调整时持有更为谨慎的态度。毕竟，在美国，独立发明人和小企业一直在经济生活中发挥着非常重要的作用。爱迪生、比尔·盖茨、雅虎和谷歌都是其中的杰出代表。❷

2011 年的美国专利法最终采取了折中办法，将专利权授予第一个提交申请的发明人。换句话说，将专利权授予真正发明技术的人中那个最早提出申请的人。这样，第一个提出申请的人在提供了证明其研发活动等发明人身份的证据后，便有资格被授予专利权。先申请发明人制实质上是介于传统的美式发明人制和传统的先申请原则之间的一种模式，兼顾了两种模式之长。既减少了先发明制下烦琐的举证程序导致的授权延误和专利商业化速度放慢，也没有削弱独立发明人和小企业从事发明的积极性。

---

❶ Shih-tse Lo, Dhanoos Sutthiphisal. Does it Matter Who has the Right to Patent：First-to-Invent or First-to-File？Lessons from Canada［EB/OL］. NBER working paper 14926, 2000, http：//www. nber. org/papers/w14926.

❷ 同上注。

# 第二章　可专利性的经济学实质

## 2.1　可专利性——进入专利市场的条件

根据阿罗（Arrow）的"技术可交易论"，专利制度克服了新技术等信息在交易过程中面临的困境，从而使大量技术变得可交易；根据创新市场理论，专利制度有助于增加整个社会的新技术供给者和需求者的个数，这增强了创新市场的竞争性。这两个理论相互兼容，均说明专利制度有助于催生出大量新技术。在当代社会，大多数新诞生的技术申请了专利保护。从而，专利市场发展成为创新市场中的一类主要子市场。

在专利市场上，专利权人通过多种方式获得回报。获得回报的主要方式有专利技术的转让、许可、独家垄断经营和专利入股等专利资本化措施。虽然不申请专利，发明人仍然可以通过商业秘密或市场领先来获得创新回报，但获利方式会受到限制，申请专利保护后，通常有更多的获利方式可以选择。

尽管专利制度催生了专利市场，但并不是任何新的技术构思都能进入专利市场。专利制度还规定了哪些技术才有资格获得专利保护，从而设置了一项具体的技术能否进入专利市场从事交易的"门槛"。这道门槛就是申请专利保护的技术所需要具备的可专利性（patentability）条件。

大多数国家设置的可专利性条件包括是否属于可获得专利的主题（patentable subject matter）、新颖性、非显而易见性（美国专利法的称法）或发明性步骤（欧洲专利法的称法）、有用性（美国专利法的称法）或具有工业用途（欧洲专利法的称法）四大基本方面。此外，广义的可专利性条件还包括信息公开、单一发明申请原则（unity of invention）、先申请原则或先发明人原则、披露最佳实施方法等。

是否具备可专利性条件由专利审查员来判断。专利审查员根据政府制定的指南来判断是否应该对某项技术授予专利权。美国专利商标局发布的供专利审查员和专利代理人使用的《专利审查程序手册》（*Manual of Patent Examining Procedure*）对可专利性进行了详细规定。在美国，当一项专利申请被提交时，如果找不出不符合"可专利性"的理由，专利就应该被授权。这意味着专利局拒绝授权或法院宣告某项专利无效时，应该充分列举"可专利性被破坏"的理由。那么，政府制定可专利性条件又是依据怎样的经济逻辑呢？

我们知道，专利权是一种垄断市场的权力。垄断意味着市场上只有一个供给者。与存在多个供给者的情形相比，垄断时价格相对高，产量相对少。这意味着社会要为垄断付出代价。政府之所以要授予这一垄断权，是因为该垄断权视为对发明活动的一种激励。这样一来，专利权垄断会导致双重效应。一是增加社会福利的发明激励效应，二是减少社会福利的损失效应。从理论上讲，当发明激励效应所增加的社会福利大于损失效应导致的社会福利损失时，专利权垄断才是有助于增进社会福利的。此时，专利权垄断是一种"好垄断"；相反，当发明激励效应所增加的社会福利小于损失效应导致的社会福利损失时，专利权垄断整体上有损于社会福利的。此时，专利权垄断是一种"坏垄断"。为了减少坏垄断问题，政府设置了专利性条件，使得只有符合既定特征的技术才有资格垄断市场。例如，一项已经存在很多年的公知公用技术，如果被掌握了该技术的某个人拿来申请专利，并被授予了专利权，那么，该专利权垄断就是一个坏垄断。因为对该申请人授予专利权垄断，只会导致损失效应，发明激励效应则为零（因为该技术已经存在了，无需再对申请人的发明激励进行补偿）。新颖性条件的设置，就缓解了这一类坏垄断问题。

可以说，现代政府在颁发专利权时，所信奉的一个基本理念是，该垄断是一种对社会有益的垄断或"好垄断"。而专利界或法律界通常所说的可专利性条件，就是要通过对可获得专利权的技术的特征进行界定，实现许可好垄断、拒绝坏垄断的目的。从这个意义上讲，专利审查工作的一个根本出发点就是要判断，若对一项技术授予专利权，会导致好垄断还是坏垄断？若是好垄断，则授权；若为坏垄断，则拒绝授权。

拿单一发明申请原则来继续说明上述原理。在许多国家的审查过程中，如果一项申请书里包含多项发明，审查员会拒绝授予专利或要求分别就单项发明提交申请。即单一发明申请原则防止申请者仅仅通过提交一次专利申请就获得好几项发明的专利权。为什么要这样做呢？通常的观点是，这可以减少政府收取的专利费（审查费、申请费、检索费、年费等）的流失。但多收费不应该是政府的主要目的。从经济学角度看，政府决策的根本出发点应该是增加社会福利。那么，单一发明申请原则如何有助于增进社会福利呢？从创新市场角度看，这一微小的制度至少有以下两方面的积极意义。一是单一发明申请有利于对专利文献进行编码和检索，方便人们进行检索，这有利于降低人们在研发和搜寻所需技术过程中的信息搜索成本，增加了专利权垄断给社会带来的好处。二是有利于对审查劳动的合理补偿。当申请人在单次申请中提交多项发明时，审查人员需要对多项发明是否符合可专利性条件逐一辨别；当申请人在单次申请中仅提交单项发明时，审查人员仅需对该项发明进行审查。这意味着前一种情形下社会付出的审查成本是后一种情形的若干倍。审查费、申请费、检索费、年费等费用通常是按单件专利来收取的。单一发明申请原则的实施，保证了各项发明在进入专利市场进行交易时，支付的各类费用是相同的，有助于权利人或发明人之间的公平竞争。若对包含多项发明的专利申请授权，可能会导致不公平竞争。可以说，仅单一发明申请原则这项小小的制度设计，就体现出专利审查中力求塑造"好垄断"的理念。

获得授权后的专利仍然可以通过授权后重审、无效宣告等程序撤销其市场进入资格。正如股票上市之后还可能被勒令退市一样，获得专利授权、有资格进入专利市场交易的技术也可能被取消进入市场的资格。专利无效程序或重审程序就是这样的"退市程序"。从经济学角度看，之所以要求"退市"或无效，在于政府或司法部门事后才发现所授予的专利权垄断其实是"坏垄断"，而不是在审查和授权时所认为的"好垄断"。即对当初错误认识和错误行为的更正。

需要指出的是，获得授权与能够自由地进行交易还不是一回事。有资格进入专利市场交易的专利技术仍然可能对其他专利技术构成侵权。所以，获得授权后的专利在被实施时仍然可能会侵犯他人专利。例如，爱迪生发明薄碳纤维灯泡之前，加拿大人 Woodward 和 Evans 就发明了厚碳纤维并在加拿大和美国都申请了专利。爱迪生的灯泡是在后者技术基础上进行的改进。尽管爱迪生也为自己的薄碳纤维灯泡申请了专利，但是，为了避免可能对厚碳纤维灯泡构成侵权，在开发薄碳纤维灯泡之前，爱迪生花费了 5000 美元购买了厚碳纤维灯泡的专利权。这样，避免了在薄碳纤维灯泡取得巨大商业成功后被诉侵权。

## 2.2 可专利性的早期历史

1624 年，英国《垄断条例》诞生之前，授予专利权的对象非常广泛，既可以针对已经存在的日常品授予垄断经营权，也可以对从国外引入的技术授予垄断经营权。授予专利权，如同授予骑士头衔一样，成为国王奖赏他人或获取王室收入的一种手段。各个生产环节或产品被各自垄断经营的后果是整个社会的物价上升和生产萎缩。人们明明知道生产某种产品的成本远低于售价，也存在愿意以更低成本提供产品的人或企业，但是，由于垄断权的存在，消费者不得不支付高价或减少购买，潜在生产要素只能被闲置。最终，就连那些获得垄断经营权的人也发现自己的利润减少了。可以用经济学中的基本模型证明，当各个生产环节相互依赖时，如果仅有一个或少数几个处于垄断状态，而其他环节处于完全竞争状态，那么，垄断权会增加那些获得垄断权的个体的利润；但是，如果这种垄断是普遍存在的，即全部或绝大多数生产环节都被垄断经营，那么，随着生产成本的逐层上升，垄断者自身的绝对利润也会下降。经济体系中的个人，通常既扮演着供应者或生产者的角色，又扮演着消费者或需求者的角色。人们通常只能生产一个或少数几个产品，但却需要消费大量不同种类的产品。因此，在上述"全局性"垄断体制下，人们发现，即便自己作为垄断者能获得一部分垄断利润，但这尚不足以弥补自己作为消费者所蒙受的种种损失，具体表现为各个产品征收垄断高价导致的消费萎缩。这种格局也同样影响着人们原创或引进新技术的积极性。最终能从这种"全局性垄断体制"中受益的人可能只有一个，那就是国王。于是，越来越多的人要求改变滥授垄断权。尽管 17 世纪早期的英国政治体制是君主制，尽管詹姆士一世信奉君权神授，但伊丽莎白一世时期贵族和富裕阶层已经拥有了不容忽视的经济政治力量。于是，1624 年的《垄断条例》废除了绝大多数垄断权，也取消了国王滥授垄断权的权利。但仍保留了国王对新技术授予专利权的权利。

此后两百年的时间内，英国授予专利权的条件具有很大的主观性。概括而言，这一时期，"可专利性"或获得专利授权的条件是，授予专利是对英国有利而不是有害的。这是一个非常一般、非常抽象的条件，不像当代法律中规定的可专利性条件那样具体和明确。在这一宽泛的要求下，申请人通常要在申请书中陈述该技术被授权后给国家和社会带来的好处。申请人列举的理由通常包括增强国防能力、缓解特定行业技术工人的短缺和增加出口优势等。由于授予专利是否对英国有利在很大程度上取决于主观判断，所以，获得授权在很大程度上被视为国王的一种恩赐。❶ 并不像现代社会那样，只要符合既定的条件就能获得专利；也不像詹姆士一世时期那样，几乎只要缴纳足够的钱就能买到垄断权。

---

❶ Oren Bracha. The Commodification of Patents 1600-1836: How Patents Became Rights and Why We Should Care [J]. Loyola of Los Angeles Law Review, 2004, 38 (1): 177.

1835 年之前，如果申请专利时说明书中描述的一部分内容涉及对现有专利技术的改进，该申请就不会被授权。这意味着"可专利性"的前提之一是，新技术不能与现有技术之间形成竞争或替代关系。也就是说，在当时，人们已经意识到新技术的实施会带来熊彼特后来所说的"创造性毁灭"，并且，为了避免"创造性毁灭"导致的现有生产资源的浪费，拒绝对可能会导致毁灭效应的新技术提供保护。

不过，到了 1835 年，《布鲁厄姆勋爵法》允许人们就未涉及现有专利的那部分改进技术提出申请。这实质上是找到了一条允许"创造性毁灭"发生的同时兼顾在先发明者利益的办法。为了实施改进技术，后发明者需要获得先发明者的授权。在先发明者和后出现的改良发明者之间可以进行单向授权或双向授权交易。两者之间原本是有你无我的竞争关系，但随着法律制度的调整，两者之间变成了在创新市场上合作共赢的关系。发明人原本担心后来出现的改良技术的出现会让自己彻底无利可图，早期的研发投入全部白耗，但后来的制度调整解决了这一问题。这鼓励了更多人放心地从事对现有技术的改良和实施，增强了创新市场的竞争性，加快了技术进步的步伐。

举例来说，瓦特在纽科门蒸汽机的基础上设计出了具有实际应用价值的蒸汽机，并申请了专利。随后，瓦特又对该蒸汽机进行了一系列改良，并就这些改良也申请了专利。马克思曾经评价瓦特，认为他的高明之处在于在专利申请书中将蒸汽机描述为具有广泛应用领域的一项基础性发明，而不仅仅是应用于煤矿排水等具体领域的一项装置。无论如何，瓦特就其新式蒸汽机获得了专利保护。但是，由于 1835 年之前并不对现有技术的改良技术授予专利，因此，1781 年，乔纳森·霍恩布罗尔（Jonathan Hornblower）发明了一种与瓦特蒸汽机有差别的蒸汽机，但被判定为侵犯了瓦特的技术。这限制了其他人从事能够改进瓦特蒸汽机运作效率的机械装置开发，因为即便开发出来，既不能获得专利授权，也不能合法从事瓦特蒸汽机的生产。这种法律安排让瓦特几乎不面临竞争者，能够比较从容地从事自己蒸汽机的改良和商业化。不过，若是按照 1835 年之后的法律安排，那么，瓦特的营利模式会发生变化，他可能愿意从其他专利权人那里购买专利以便扩大自己制造的蒸汽机的销量，甚至还会将专利许可给其他蒸汽机改良者使用，从他们那里收取许可费，使自己的技术在专利保护期内获得尽可能多的收入。这意味着，专利法的调整促使创新市场上出现了更多的供给者，在先专利权人面临来自其他专利权人的更充分的竞争，从而不得不采取更加开放的方式来实施专利技术，这客观上有利于加快专利技术的商业化进程。后来专利法又进一步地限制了在先发明的专利权人通过拒绝许可给改良发明者使用其技术、阻碍后来的改良技术实施的情形。如 2008 年修改的中国《专利法》规定的强制许可情形之一就是，当某项发明的实施仰赖一项在先专利时，在先专利的权利人应该将其专利权许可给后来的发明人使用。这进一步增加了能实施和接触前沿技术的人员的数量。由于这些人员是潜在的研发供给者，从而也增强了创新市场的竞争性。

总体而言，在英国专利制度早期，抽象模糊的"可专利性"条件导致能否进入专利市场进行交易具有很大的不确定性。而且，1835 年之前的专利法特别强调对在先专利权人或生产者利益的保护。对在先专利权人利益带来损失的技术会被拒绝授权，从而丧失在专利市场上获利的资格。1835 年之后的改革有助于增强创新市场的竞争性。

## 2.3 新颖性标准的经济学实质——拒绝借助公知技术来垄断市场

在英国专利法诞生初期，新颖性通常作为隐含的"可专利性"条件存在。法律并没有像今天这样给出具体的新颖性标准。一项技术是否是"新"技术，通常取决于主观判断而非客观标准。一些技术被公开好几年之后，可能仍然有资格申请专利，若被国王认为是合理的，那么就可能会被授予专利权。此外，当时的英国可以对引入一项本国前所未有的技术的人授予专利权。这说明，当时的新颖性类似于今天学者们所说的"相对新颖性"标准，即仅以是否在英国本土公知公用作为判断是否新颖的依据。早期英国并没有专门人员对专利申请进行实质性审查，1883 年，英国才建立起专门的专利办公室，替代 1852 年成立的委员会，开始对专利申请进行形式审查，以及判断描述是否充分。1883 年英国还引入了异议程序，即相关人士可以在专利申请提交之后的两个月内对申请提出异议和反对。后来，人们发现超过 40% 的专利权被授予了在以前的申请文件中被描述过的技术。将公知公用技术或已经申请专利保护的技术再次申请专利，均会导致"坏垄断"，对技术扩散和进一步的创新不利。1905 年，专利办公室开始对 50 年内的专利申请文件进行检索，即对新颖性进行实质性审查。这一审查仅限于是否具有新颖性，而非创造性。● 早在 1877 年，德国专利法就规定，专利局会对技术的创造性进行仔细审查，符合

---

● Karnika Seth. History and Evolution of Patent Law: International and National Perspective, Patent & Trade Mark Reporter [M]. Amity University Press Publication, 2004.

创造性要求的专利申请会被公开，在 6 周内可以对授予专利提出异议。只有没有被提出异议的申请才能被授予专利。潜在的侵权案件通常在专利申请内容公开和专利授权之间就解决了。❶

美国从一开始就试图对专利申请进行实质性审查，以便将专利保护授予那些真正值得被保护的技术。最初，由国务卿、国防部长及首席检察官组成的专利委员会对提交专利申请的技术进行审查，在认为相关的机械或装置达到新颖性要求后，授予 14 年的专利保护。但很快，专利委员会的 3 位官员就缺少足够的精力和专业知识来应对各个技术领域的日益复杂和繁多的专利申请了，甚至出现了将不该授权的技术进行授权的情况。于是，1793 年通过的新《专利法案》不再对专利申请进行实质性审查。申请者只需提交完整的申请材料和缴纳必要费用便可自动获得专利证书。然而，不进行实质申请，也带来了新问题。大量技术不经过审查就被授予专利，于是，授权不当的情形多了。解决原创性、新颖性、是否适合被授予专利保护等潜在争议留给法院来解决。但打官司成本高昂，而且耗时长（特别是当时的专利保护期也就只有 14 年）。这样，专利制度在激励创新上的作用就大大削弱了。1836 年，国会对专利法进行了修订，恢复了对专利申请内容的实质性审查。为了防止再出现 1790~1793 年进行实质性审查时人们担心的滥授权问题，还从多个方面对实质性审查制度进行了完善，包括建立专门的联邦专利局、聘用受过良好技术教育的专职审查员和制定专利审查的标准、要求和程序等。为防止以权谋私，专利局的工作人员不能被授予专利权；为了防止审查员随意裁决，申请人可以对专利办公室的决议提出异议，并有权向美国最高法院提出诉讼。❷实质性审查制度的建立和完善，使专利权的权利不确定性大幅度下降了，可供转让、许可或联合实施的专利质量更为稳定。这有利于增加专利市场上的需求者数量，从而提高创新市场的竞争性。❸

新颖性要求仅对没有公开过的技术提供专利保护，公开过的公知公用技术是不能获得专利保护的。为什么呢？公知公用技术通常已经诞生了比较长的时间并被人们熟悉和掌握。一些公知公用技术是发明人出于某种原因放弃专利申请或专利保护，而成为公知公用技术的。另外一些公知公用技术如蒸

---

❶ C. Burhop. The Transfer of Patents in Imperial Germany ［J］. The Journal of Economic History, 2010, 70（4）: 921-939.

❷ 颜崇立. 美国专利制度二百年 ［J］. 国外科技政策与管理, 1990（4）: 52.

❸ 吴欣望，朱全涛. 创新市场与国家兴衰 ［M］. 北京: 社会科学文献出版社, 2012: 155.

汽机原本就是专利技术，随着专利保护到期而进入公共技术领域。在这种情形下，如果对公知公用知识提供专利保护，例如，让瓦特的后代们永久地享有蒸汽机的专利权，人为制造出过度的垄断，其后果将是削弱而不是增强创新市场的竞争性。历史上的现实情形是，随着瓦特蒸汽机专利权的到期，生产蒸汽机的企业多了起来，围绕蒸汽机进行了各方面的改进，使蒸汽机在更多的领域得到了应用。相反，如果让瓦特的后代永久持有专利权，蒸汽机的应用会受到限制。实际上，为了补偿瓦特和其合作伙伴博尔顿在设计和推广蒸汽机方面的努力和贡献，英国曾经延长过其蒸汽机的专利保护期限。瓦特和博尔顿要说服议会同意延长保护期限，除了要说明这对自己公平公正外，还需要说明这对社会是有益的。因为当时英国在专利授权上的一个基本立场即授权对英国有好处。瓦特和博尔顿所展示的延长保护期的一项社会收益恐怕是专利权独占所带来的相对稳定的较高市场收益有利于他们（当时最具蒸汽机研发实力的团体）从事进一步的研究和改进。英国议会最终同意延长期限，说明英国早期已经在有意无意之中借助专利政策激励人们从事研发活动，从而增强了创新市场的竞争性。而这一政策是通过议会就某项具体提案能在多大程度上给英国带来好处进行个案讨论而实现的。

尽管当代各国专利法都要求"没有公开"这一新颖性条件，但是，也有允许公开但不破坏新颖性的例外情形。例如，许多国家都有优先权条款，规定当在该国申请专利前，若 1 年之内在其他国家提交申请的，则以在其他国家的申请日为本国申请日，在两个提交日之间的公开并不破坏新颖性。优先权条款在《保护工业产权巴黎公约》（以下简称《巴黎公约》）中被成员国正式确定下来后，被越来越多的国家采用。这有助于发明者在多个国家获得专利保护，减少了同一技术在不同国家被不同权利人拥有的市场分割局面。专利权所独占的市场范围的扩大，吸引人们从事发明活动。从这个意义上讲，优先权的引入有助于提高创新市场上的供给者之间的竞争。

宽限期条款规定了不破坏新颖性的另外一种情形。我国专利法规定，在申请日之前 6 个月内某些特定形式的公开并不破坏新颖性。这意味着，我国宽限期为 6 个月。有的国家的宽限期更长一些。宽限期条款的设置，在不影响发明人的申请资格的前提下鼓励技术共享。现代专利制度的每一个条款的设置，几乎都可以被发明人或权利人当作策略性工具行使，宽限期条款也不例外。发明人在法律允许公开的场合公开技术，可以起到阻止其他人申请专利的效果，因为其他人就同一内容申请专利时会由于新颖性丧失而被拒绝。

但是，发明人自己却可以在宽限期（如公开后半年）内从容决定自己是否有必要申请专利以及确定一些申请上的细节。宽限期条款鼓励发明人提前公开技术，有利于激发更多的研究者从事相关研究，从而提高了创新市场的竞争性。

根据新颖性的地域范围，可分为绝对新颖性和相对新颖性。绝对新颖性是指在国外没有公开出版或公开使用的，才能被授予专利权；相对新颖性是指即便在国外公开出版或使用，但只要在本国没有公开出版或使用，就仍有资格被授予专利权。在 2008 年的修正中，中国专利法实现了从混合新颖性标准到绝对新颖性标准的转变。在混合新颖性标准下，在国外已经被公开出版的，则丧失新颖性；但在国外没有出版只是使用的，只要在我国还没有被公开或者没有产品出售，仍有资格被授予专利；在修改后的绝对新颖性标准下，则要求在国内外都没有被公开出版或使用。❶

从市场的角度看，绝对新颖性意味着，一项技术在国外公开后，如果权利人放弃在另外一个国家（如 A 国）申请专利，那么，任何其他人要在 A 国申请专利都会由于不具备新颖性而被拒绝授权。这使得该项国外技术成为一项真正可供人们在 A 国免费实施的技术。相反，在相对新颖性规定下，其他人则可以就该项技术提出专利申请并有可能获得授权，这使该技术在 A 国处于被垄断的状态。这两种制度安排，到底孰优孰劣呢？

在绝对新颖性标准下，如果一个人拿已经在其他国家被披露的技术到 A 国申请专利，则会由于不具备新颖性而被拒绝授权。这使得 A 国可以自由实施那些在其他国家被披露但又没有在本国申请专利的技术。这鼓励了国外先进技术在本国的实施和快速扩散，以及鼓励了更多人对外国技术的改良，有助于提高 A 国创新市场的竞争性。相反，相对新颖性仅仅适合于这样的情形：在某个国家，尽管引进国外先进技术对整个社会有益，但人们却普遍缺乏这样做的积极性，于是，有必要采取某些鼓励性的措施。将专利权授予给最先引入该技术的人，本质上是一种鼓励技术引进的措施。但是，在税收优惠、政府采购等众多优惠政策中，授予引进者专利独占权并不是唯一的、也不一定是最好的措施。而且，这种做法使在外国并不新颖的技术被个别人垄断，限制了更多人对该技术的使用和改良，抑制了创新市场上的竞争。从这个意义上讲，2008 年中国专利法相关条款的修订有助于提高中国创新市场的竞

❶ 杨井鑫.专利法修正草案抬高授权门槛："绝对新颖性标准"替代"相对新颖性标准"[N].中国贸易报，2008-09-04.

争性。

不同国家对新颖性的定义有所不同。美国规定如果一项技术在申请专利之前在单次出版中被完全披露过，才算新颖性被破坏。不过，在一些国家，即便没有明确披露，但若公开文献隐含着相关技术信息，则新颖性仍会被破坏。后一类国家往往希望通过更严格的新颖性要求，使更多新技术处于公用和共享状态。这类国家产业界的发展往往更依赖于技术模仿，政府则希望通过制度设计，给本国研究力量相对薄弱的产业界留下接触新技术的更大空间，或使本国企业有机会免费接触或使用一些前沿技术。这一做法所取得的效果通常是零散、微弱和短期的。研发落后的主要原因是一国特定的经济社会体制导致创新市场的竞争性弱。如果不通过对现行经济社会体制的深入改革来增强创新市场的竞争性，经济体系依然会缺乏创新活力。采用更严格的新颖性要求，对推动技术进步所起的作用是非常微弱的。

## 2.4　创造性标准的经济学实质——决定专利数量和质量之间的替代关系

在实质性审查中，除了判断新颖性、实用性和是否适合用专利保护外，还引进了创造性标准。创造性标准与新颖性标准不同。新颖性要求技术没有被发明过，所发明出来的技术是社会的增量知识，而创造性的要求更进了一步，还要求申请专利保护的技术相对以前的发明而言，不是显而易见的，即必须与公知知识或已有专利技术要有一定最低程度的差别。

为什么要设定创造性要求呢？这是因为将现有公知公认技术或与已有专利技术相比无实质性差别的技术拿来申请专利会导致负面后果。对现有公知公认技术授予专利权，类似于侵权或类似颁布行政垄断命令，以"专利保护之名"滥设垄断权，不仅会导致经济学中通常所说的静态的福利损失，而且还不利于公知公用技术的扩散、使用及后续改进；对与已有专利技术相比无实质性差别的技术授予专利保护，实质上是分享已有专利权人的利益，可能会抑制潜在研究者们的创新积极性。相反，引入创造性要求，则通常能缓解对专利权垄断利益的稀释，有利于吸引人们从事创新。因此，在专利制度中引入创造性要求，有利于维护创新市场上的供给者的个数，即有助于增强创新市场供给方面的竞争性。

在 1851 年的霍奇基斯（Hotchkiss）案中，美国最高法院判决一项将已有的木制或金属门把手的制造材料换成陶瓷材料的专利权无效。❶ 或许，陶瓷门

---

❶　尚世浩，胡音慧.美国专利制度的"分水岭"[J].电子知识产权，2007（7）：56.

把手在此之前并没有出现过。但是，简单地将已经存在的陶瓷材料和已有的门把手组合起来，容易被许多人想到，并不需要多大的发明天分或努力。因此，这份显而易见的专利权被宣告无效。这打消了人们对专利垄断利益被其他人用显而易见的技术稀释的顾虑。

1895 年，George Selden 获得了一项美国专利，其权利要求是"将一个燃油引擎放在一个底盘上制成汽车"，所覆盖的内容非常广泛，几乎涵盖了所有汽车。Selden 通过许可该项专利获得了大量的许可费，然而，1911 年，Henry Ford 联合其他人对该专利提出质疑。法院最终大幅度地缩小了该项专利所覆盖的范围。理由是，当时燃油引擎已经被开发出来，将其放置在一个底盘上形成一个自动装置的技术是显而易见的，许多处于不同地方的人都能够独立地想到这个构思。❶ 客观上，将该专利无效掉，不仅不会妨碍类似显而易见的基础性技术的诞生，而且还有利于后来吸引更多的人对汽车进行各个方向的改进和创新，从而有利于增强创新市场上供给的竞争性。

1952 年，美国专利法增加了关于创造性的规定。创造性不够，成为后来宣告专利无效的理由之一。专利无效的实质是政府事后才发现最初授予的垄断权是不恰当的，从而取消掉专利权。20 世纪 60 年代和 70 年代，美国各地区法院宣告专利无效的比例比较高，理由之一便是创造性不够。在今天看来，当时美国设置了过高的创造性要求。过高的创造性要求，会抑制人们针对市场需求作出应用性创新。相反，同一时期，日本则一直通过创造性要求较低的实用新型制度鼓励小发明。这被认为是日本制造的汽车等产品在美国市场上颇具竞争力的一项原因。

## 2.5　2011 年美国专利法修订相关条款的解读

2011 年，美国对专利法进行了修订，新的《美国发明法案》（AIA）除了将"先发明制"改成"先申请的发明人"制度、扩大现有技术的覆盖范围、对某些高收费申请进行加速审查、公众可在审查阶段提交现有技术供授权审查时参考、取消某些领域的可专利性、对侵权抗辩进行调整外，重点是增加了对专利有效性提出质疑的 4 个程序，包括单方复审、授权后重审、双方重审、补充审查。

---

❶　Federal Trade Commission. To Promote Innovation: The Proper Balance of Competition and Patent Law and Policy [EB/OL]. 2003, https://www.ftc.gov/reports/promote-innovation-proper-balance-competition-patent-law-policy.

整体上讲，这次专利法修订借助新的授权前和授权后条款，可减少审查过程中可能对新颖性和创造性的判断不当，从而维护美国公众从事创新的积极性和创新市场的竞争性。其中，授权前提交（Preissuance Submissions）程序允许公众就仍处在审查阶段的专利申请向美国专利商标局提交现有技术供审查员参考，缓解了审查员在审查环节由于对新颖性和创造性判断不当所导致的问题。而单方复审、授权后重审、双方重审等多样化的授权后异议程序则有助于降低为减少授权不当所付出的社会成本。

设置单方复审、授权后重审、双方重审等多样化的授权后异议程序的目的是借助分类别的异议途径，实现低成本地让专利无效。在没有授权后异议制度的时候，人们对授权不当的防范措施要么借助授权前程序，要么借助司法程序。在许多国家，在专利授权之前，其他人均可往专利局寄资料提出异议。在早期，专利一旦被授权，其他人只能通过司法程序，让法院来判决其无效。法院判决的成本通常高昂，且过程漫长。在美国等国，法庭判决的陪审团要求更加重了判案的成本。引入授权后异议程序后，"行政法庭"机构和"行政司法"程序的建立，使得专利局的一些法律或技术专家也能作出具有法律效力的判决，从而为纠正专利授权不当提供了另外一条途径。

单方复审、授权后重审、双方重审等授权后异议程序在提交的证据、提出异议的时间、判决的方式和所耗费的各类成本上存在差异，从而形成了一套多样化的异议程序。在单方复审程序下，发明公开后，若其他人认为该技术不具备新颖性等可专利性条件，则可提交证据（如一篇公开发表的论文）给专利局。专利局工作人员以该证据为依据，对技术进行重新审查。提交该证据的人需要缴纳一些费用，并可获得专利局的答复。若对答复不满意，则可到联邦巡回上述法院进行上诉。该程序对提交的证据的要求比较高，要求证据充分客观，能够直接驳倒专利授权；启动授权后重审程序的时间为专利权授予之日起9个月以内，启动此程序可以基于任何无效理由，如缺乏实用性、主体不适格、公开不充分等；双方重审程序只能在专利授权日起9个月之后且授权后重审程序终止后提出，只能以专利和印刷出版物中记载的为现有技术，提出"双方重审"的申请人必须结合一个或多个获得专利保护的权利要求，适当阐述其不具有专利性的理由。授权后异议方式的选择受到提出异议的时间的影响，这与不受时间限制的法院诉讼是不同的。

2011年改革后，上述3种授权后异议程序并存，各具特色。三者的区别体现在条件、受理范围、证据和时间上。单方重审适用于当第三方有非常强的纸面证据时，无需开庭，执行起来成本低；授权后复审必须在核发专利日起 9 个月内提出来，需要开庭。双方复审程序下，可就新颖性、非显而易见性等提出异议，但异议材料中通常要有专家证词。双方必须在行政法庭上见。授权后异议程序的成本虽然越来越高，但通常依然比法院便宜一些。对行政法庭的判决结果不服的，依然可向联邦巡回法院上诉，意味着专利商标局的地位与联邦地方法院是平级的。如果申请人认为该被授予专利权而未被授予的，可找联邦巡回上诉法院或弗吉尼亚东区地方法院。这两个机构的判决通常具有实质终审性，因为联邦最高法院只审 10% 的上诉案件。这也说明弗吉尼亚东区地方法院与联邦巡回上诉法院之间存在竞争关系。

整体而言，这次专利法修订后的授权前和授权后条款，有助于减少审查过程中对新颖性和创造性等可专利性条件的判断失误，从而有助于维护美国公众从事创新的积极性和维护创新市场的竞争性。

# 第三章 界定市场垄断持续期的专利保护期

## 3.1 对专利保护期的实证考察

从历史上看，专利保护期的具体设计呈现出丰富的多样化特征。仅保护期的起算日就分别有从申请日、授权日、公开日、优先申请日和最初实施日起算。[1] 在美国，药品和转基因产品的专利保护期则是从被药监局批准生产起1年开始计算。有的国家在设置专利保护期限时，还综合考虑了公开日和申请日，如日本在保护期限上的态度是"公开日后 15 年但不超过申请日 20 年"。结合图 3.1，可以发现，日本对保护期的设置实质上是 3 种保护期限的综合。在图 3.1 中，令申请日为原点，从申请日到公开日的距离为 $x$。则在日本的上述做法下，专利保护期为 min $\{x+15, 20\}$，即取 $x+15$ 和 20 中的最小值。视 $x$ 的取值不同，有 3 种情形。当 $x<5$ 时，保护期正好为公开日起 15 年；当 $x>5$ 时，保护期为申请日起 20 年；$x=5$ 时，申请日起 20 年与公开日起 15 年两者相等。总而言之，申请日起 20 年是专利权人能获得的最长保护期。如果某项专利被提前公开，那么保护期会少于申请日起 20 年。

**图 3.1 专利权的几个关键日期**

日本专利保护还具有向社会公开时间早、等待授权的时间长（平均申请时间长度为 4~6 年）等特点。在早公开和迟授权的安排下，在公开日和授权日之间有比较长的时滞。这导致一些专利被授权后所能享受的实际保护期非常短。这是推动 2008 年日本在专利被授权前就对普通许可实行登记的原因。即通过这一改革，使专利许可能在授权前发生，繁荣专利技术交易市场。

---

[1] Josh Lerner. 150 Years of Patent Protection [J]. American Economic Review, 2002, 92 (2): 221-225.

2011 年，通过调整专利保护期的起算日，美国延长了专利保护期。在此之前，美国的保护期是授权后 17 年。2011 年改为从申请日起 20 年，同时规定，专利商标局必须在 3 年内作出是否授权的决定，以及对某些类型的专利申请可加速审查，但需缴纳额外费用。如果在第二年获得授权，意味着授权后能得到 18 年的保护。因此，新规定实质上是延长了保护。以前的"授权后17 年"成为最低保护标准。换句话说，专利保护期延长了。为什么保护期要改为从申请日开始算起呢？除了可以延长市场垄断时间外，另一个原因是在原来的保护期下，一项发明被公开后，如果有人在公开日和授权日之间积极使用，并在使用过程中设计出新技术，是不被算成侵权的。在新的保护期下，对侵权行为可追溯到公开日和授权日期间使用权利的侵权费或许可费。这样，对专利权人的保护也更有效了。

除了法定年限外，一些国家还对某些领域的专利保护进行延期，如对化学和药品进行延期。1835 年，英国《布鲁厄姆勋爵法》允许专利申请人在 14 年的保护期过后申请延长保护期。如瓦特 1769 年被授权的专利、Thomas Savery 的专利都获得了延期保护。❶ 专利保护延期发挥对创新激励进行微调的作用。具备类似功能的是对专利权人的奖励。英国早期专利制度下，议会还对那些作出重大发明但却由于各种原因没有从中受益的专利权人进行奖励。1812 年，议会对骡机的发明者 Samuel Crompton 给予了 5000 英镑的奖励；1809 年，给予动力织布机的发明者 Edmund Cartwright 一万英镑的奖励；1815 年给予天花疫苗接种过程的发明者 Edward Jenner 的三万英镑奖金创下了最高奖金金额纪录。❷

Lerner（2002）的研究充分展示了过去一百多年来世界各国在设置专利保护期上的多样性。表 3.1 是对其工作的简化描述。该表揭示了 1850~1999 年典型国家专利保护期限的演变。各国在不同时期的保护期起算日不尽相同。为了便于比较，不妨将起算日统一折算成从申请日起算。转化后的年限见表3.2。在折算时，对 1950 年及以后的年份，假定授权通常发生在申请日之后两年，而公开日通常发生在申请日之后一年；对 1900 年和 1925 年，假定授权通常发生在申请日和公开日后的一年；对 1850 年和 1875 年，假定授权日和申请日相同。这是因为 19 世纪的专利法通常没有规定保护期限是从申请日

---

❶  J. Mokyr. Intellectual property rights, the industrial revolution, and the beginnings of modern economic growth [J]. American Economic Review Papers and Proceedings, 2009, 99 (2): 349-355.

❷  同上注。

起算还是从授权日起算。这从一个侧面反映，当时这两者的差距并不大，所以没有通过法律条款进行界定的必要。假定专利技术在被授权之后两年开始被实施。❶

表3.1　描述典型国家专利保护期限演变的历史数据

| 国家 | 1850 年 | 1875 年 | 1900 年 | 1925 年 | 1950 年 | 1975 年 | 1999 年 |
|------|---------|---------|---------|---------|---------|---------|---------|
| 奥地利 | 15aw | 15 | 15pub | 15pub | 18pub | 18pub | 20ap |
| 巴　西 | 5 | 5 | 15aw | 15aw | 15aw | 15ap | 20ap |
| 法　国 | 15aw | 15ap | 15ap | 15ap | 20ap | 20ap | 20 |
| 德　国 | 15aw | 15 | 15ap | 18ap | 18ap | 18ap | 20ap |
| 意大利 | 5 | 15ap | 15ap | 15ap | 15ap | 15ap | 20ap |
| 墨西哥 | 10work | 10work | 20aw | 20aw | 15ap | 15ap | 20ap |
| 葡萄牙 | 15 | 15aw | 15aw | 15aw | 15aw | 15aw | 20ap |
| 挪　威 | 15aw | 3 | 15ap | 17ap | 17ap | 17ap | 20ap |

注：aw 表示授权日起算，ap 表示申请日起算，pub 表示公开日起算，work 表示实施日起算。

表3.2　统一转化成从申请日起算的年限

| 国家 | 1850 年 | 1875 年 | 1900 年 | 1925 年 | 1950 年 | 1975 年 | 1999 年 |
|------|---------|---------|---------|---------|---------|---------|---------|
| 奥地利 | 15 | 15 | 15 | 15 | 19 | 19 | 20 |
| 巴　西 | 5 | 5 | 16 | 16 | 17 | 15 | 20 |
| 法　国 | 15 | 15 | 15 | 15 | 20 | 20 | 20 |
| 德　国 | 15 | 15 | 15 | 18 | 18 | 18 | 20 |
| 意大利 | 5 | 15 | 15 | 15 | 15 | 15 | 20 |
| 墨西哥 | 12 | 12 | 21 | 21 | 15 | 15 | 20 |
| 葡萄牙 | 15 | 15 | 16 | 16 | 17 | 17 | 20 |
| 挪　威 | 15 | 3 | 15 | 17 | 17 | 17 | 20 |

---

❶ Josh Lerner. 150 Years of Patent Protection［J］. American Economic Review, 2002, 92（2）: 221–225.

根据经过调整后的数据，绘制出图3.2。该图显示，整体上看保护期延长了。于是，与专利保护期相关的几个议题是，什么因素导致不同国家或时期在保护期上的差异？确定最优保护期的原则是什么？等等。对什么因素导致不同国家或时期在保护期上的差异这一问题，Lerner（2002）揭示，那些不久前发生过大规模改革、属于大陆法法律体系、立法机构被公众选举出来的国家，保护期会相对长一些。[1] Nordhaus（1969）则奠定了对最优专利保护期进行理论研究的基本思路，这一思路被后来的学者沿袭。Nordhaus 构造的模型最早将经济学中的边际原则运用于保护期的设置。边际原则让人们只是对边际增量进行权衡。其理论的核心原则是，随着保护期延长，每增加一单位时间的垄断，社会既要多付出一份代价，也能多收获一份收益。最优保护期应该使边际收益等于边际成本。Nordhaus 模型是一个数理模型，从中能充分感受到，随着边际分析方法深入人心，人们的思维方式发生了大的改变，经济决策和微积分紧密联系起来，为数学方法在经济学中的大规模应用奠定了基础。下面对 Nordhaus 模型进行具体介绍。

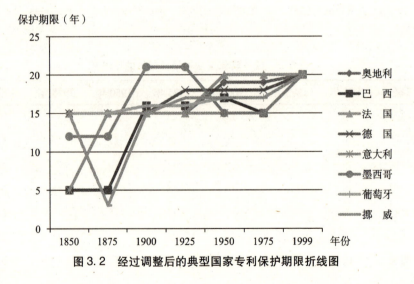

保护期限（年）

图3.2　经过调整后的典型国家专利保护期限折线图

（图例：奥地利、巴　西、法　国、德　国、意大利、墨西哥、葡萄牙、挪　威）

---

[1] Josh Lerner. 150 Years of Patent Protection [J]. American Economic Review, 2002, 92（2）: 221-225.

## 3.2　对专利保护期的规范分析

### 3.2.1　Nordhaus 的基本模型❶

#### 3.2.1.1　基本假设

首先看 Nordhaus 建立的基本模型。他将整个过程分成 3 个阶段。在第一阶段，众多同质的厂商处于完全竞争状态，它们的平均成本和边际成本相等，且恒为常数。在第二阶段，有一个厂商成功地从事了技术创新，申请获得了专利保护。Nordhaus 假设这一阶段的市场结构是完全垄断的，原因在于技术创新使得该厂商的平均成本低于其他厂商，从而将其他厂商逐出市场，第二阶段的长度等于专利保护的期限。在第三阶段，专利保护到期，其他厂商都能够无偿享有专利技术，市场结构又恢复到完全竞争状态。与第一阶段的完全竞争状态不同的是，由于专利技术被普遍采用，整个社会的生产成本和市场价格都要低于第一阶段的水平，因此整个社会的消费者剩余得到增加。

企业从事技术创新所获得的净收益可以用下式表示：

$$V = \int_0^\infty \pi(t) e^{-rt} \mathrm{d}t - \int_0^\infty I(t) e^{-rt} \mathrm{d}t \qquad (1)$$

其中，$V$ 是由于采用一项新工艺或者从事一种新产品的生产而带来的净利润。$\pi$ 是从事创新活动所带来的收入。$I$ 是由采用新工艺或者生产新产品引起的投资支出。$r$ 是折现率。

在阶段 Ⅰ 即 $[0, t_1)$ 时间段和阶段 Ⅲ 即 $[t_2, \infty)$ 时间段内，市场处于完全竞争状态，每个厂商都只能获取正常利润，因此这两个时期的 $\pi(t) = 0$。其中，$t_1$ 是产品进入市场的时刻，$t_2$ 是知识产权保护终止的时刻。因此，阶段 Ⅱ 即 $[t_1, t_2)$ 时间段就是指从产品进入市场到知识产权保护终止的时期，这一时期内，成功从事技术创新的企业对市场完全垄断，每年可以获取垄断租金 $\pi$。用折现因子 $D$ 对年投资额进行折现。那么，企业的收益可以表示为以下形式：

$$V = \pi \cdot (1/r) (e^{-rt_1} - e^{-rt_2}) - DI \qquad (2)$$

---

❶　Ove Granstrand. The Economics and Management of Intellectual Property［M］. Great Britain：Edward Elgar Publishing Limited，USA：Edward Elgar Publishing Inc.，2000：30. 转引自：吴欣望. 专利经济学［M］. 北京：社会科学文献出版社，2005：17.

设专利保护期限为 $L$，由于 $L = t_2 - t_1$，则 $V = \pi \cdot \dfrac{1}{r}(1 - e^{-rL})e^{-rt_1} - DI$。

若取 $t_1 = 0$，则 $V = \pi \cdot \dfrac{1}{r}(1 - e^{-rL}) - DI$。

### 3.2.1.2 专利制度下企业的最优研发支出

在 Nordhaus 的模型中，假定厂商的成本形式为 $c(q) = c \cdot q$，因此，企业的边际成本等于平均成本。新技术会降低平均成本，而获取新的技术又需要厂商付出研发成本，因此，成本 $c$ 会随着研发投入的变化而变化。新的成本 $c_1$ 与研发投入 $R$ 之间呈现出如下函数关系形式：

$$c_1 = c_0(1 - kR^\alpha)，k > 0，\alpha \in (0, 1)，R \geqslant 0，c_1 > 0 \qquad (3)$$

在上面这个式子的基础上，Nordhaus 推导出了企业的最优研发支出。他假定，在阶段 II，创新者的成本下降了，但专利保护使这种成本下降的好处只能由该创新者独享，其他企业不能从中得到好处，而且，创新企业的产量不发生变化，仍然为 $q_0$。另外，由于第 I 阶段是处于完全竞争状态，因此，假定产品价格等于 $c_0$。因此，在第 II 阶段：

$$\pi = q_0(c_0 - c_1) \qquad (4)$$

将 $DI = R$ 和（3）、（4）代入（2）式，得到下式：

$$V = q_0 c_0 k R^\alpha (e^{-rt_1} - e^{-rt_2}) / r - R \qquad (5)$$

将上式中的 $V$ 看成因变量，将 $R$ 看成是自变量，则可以通过对（5）式求一阶导数，并使 $\partial V / \partial R = 0$，得出满足一阶必要条件的、能够给创新者带来最大收益的研究开发支出 $\hat{R}$。

$$\hat{R} = (\alpha q_0 c_0 k(e^{-rt_1} - e^{-rt_2}) / r)^{1/(1-\alpha)} \qquad (6)$$

### 3.2.1.3 从社会角度看的最优专利保护期限

到这里，Nordhaus 的模型已经解答了在一定专利保护期限下的最优研发支出。那么，接下来要解答的问题是，从社会角度看，什么样的专利制度才是最佳的？众所周知，专利制度有各种类型，各个国家的专利制度并不是完全相同的。除了专利保护期限外，专利制度还可以在许多方面有所差异，如专利保护的范围、专利收费和对创新程度的不同要求等，各个国家往往从自身需要出发，对这些方面作出不同的规定。那么，应该如何对专利制度进行设计，才能最大限度地符合社会利益呢？Nordhaus 考察了如何设计出使社会福利最大的专利保护期限的问题。

专利保护到期后，由于降低成本的专利技术可以被其他企业共享，而且市场被假定回复到原来的完全竞争状态，因此，市场价格降到 $c_1$。这使消费者福利增加，从而增加了社会福利。我们记这部分增加的消费者福利为 $V^c$，则：

$$V^c = \int_L^\infty q_0(c_0 - c_1) e^{-rt} \mathrm{d}t + \int_L^\infty \left\{ \int_{q_0}^{q_1} (p(q) - c_1) \, \mathrm{d}q \right\} e^{-rt} \mathrm{d}t \quad (7)$$

如果将线性需求函数 $p(q) = -\alpha q + b$ 代入上式中，则上式可以简化为：

$$V^c = (c_0 - c_1)(q_0 - q_1) e^{-rL}/2r \quad (8)$$

记生产者剩余为 $V^p$，则当 $t = 0$，$t_1 = 0$，$t_2 = L$，$R = \hat{R}$ 时，有：

$$V^p = q_0 c_0 k \hat{R}^\alpha (1 - e^{-rL})/r - \hat{R} \quad (9)$$

此时，根据式（6），有：

$$\hat{R} = [\alpha q_0 c_0 k(1 - e^{-rL})/r]^{1/(1-\alpha)} \quad (10)$$

将其代入 $V^p$ 中，有：

$$V^p = [\alpha q_0 c_0 k(1 - e^{-rL})/r]^{1/(1-\alpha)} (\alpha^{-1} - 1) = \hat{R}(1/\alpha - 1) \quad (11)$$

不难理解，专利技术所带来的社会总福利 $V^s = V^c + V^p$，而 $V^c$ 和 $V^p$ 又均受专利保护期 $L$ 的影响，因此，通过对 $L$ 求导，便可得出 $V^s$ 的极大值。如果暂时不考虑二阶条件，则可求出使社会福利最大的专利保护期限满足下式：

$$\hat{L} = -\frac{1}{r} \cdot \ln\left[ 1 - \left( \frac{c_0 k \hat{R}(\hat{L})^\alpha + \alpha q_0}{c_0 k \hat{R}(\hat{L})^\alpha \cdot (\alpha + 1)/2\alpha + \alpha q_0} \right) \right] \quad (12)$$

在今天看来，Nordhaus 模型可以被看成是一个完全信息动态博弈。政府作为先行动者，提供某个专利保护期；接下来，企业进行行动，在观察到的专利保护期下进行研发活动。企业的目标函数为自身利润最大化，政府目标函数为社会福利最大化。如图 3.3 所示。

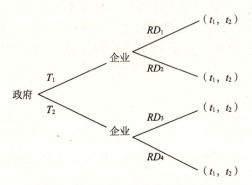

图 3.3　对 Nordhaus 模型的博弈描述

### 3.2.2　Scherer 的几何阐释❶

#### 3.2.2.1　基本框架

Scherer（1972）借用几何工具对 Nordhaus 的研究进行了更为直观的解释。Scherer 假定研发投入的"产出"是一种能够降低企业成本的专利技术，而这一专利技术所带来的经济租则成为研发投入的"收益"。随着研究开发成本的上升，技术创新所能降低的成本越来越多，但超过一个既定水平后，成本的降低会呈现出边际递减的趋势。这种"研发产出"的边际报酬递减规律可以从图 3.4 中的曲线 $B(RD)$ 表示出来。图中，纵轴 $B$ 代表由技术创新带来的成本降低的百分比，衡量着研发投入的"产出"效果。对曲线 $B(RD)$ 而言，横轴 $RD$ 表示研发投入的数额。曲线 $B(RD)$ 所代表的函数被称为发明可能性函数（Invention Possibility Function）。

---

❶ F. M. Scherer. Nordhaus' Theory of Optimal Patent Life：A Geometric Reinterpreation ［J］. American Economic Review，1972，62（3）：422-27. 转引自：吴欣望. 专利经济学［M］. 北京：社会科学文献出版社，2005：20.

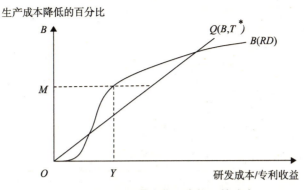

图 3.4　企业利润最大化研发投入的确定

　　他还沿袭了 Nordhaus 的其他假定，如最初的生产是在完全竞争状态下进行，单位成本和价格均为常数 $OC_0$；并进一步假定当某个厂商获得一项能使成本降到 $OC_1$ 的专利技术时，他能把其他厂商都排挤出去，取得完全垄断的生产地位。而且，在这种完全垄断状态下，企业的定价仍会为 $OC_0$，既不会提高也不会降低。这是为什么呢？原因在于，提价虽然能满足边际成本等于边际收益的垄断利润最大化原则，但其他潜在竞争对手将以较低的定价将创新者挤出市场；而且，在他们考察的情形中，厂商面临的需求曲线的弹性被假定为相对小，而且技术创新带来的成本下降幅度并不足够大到图 3.5 中 $C_2$ 的水平。在这种情形下，厂商维持现有价格和产量会是最优选择。这样会使分析更加简单，从而有利于进行直观的图形分析。

　　有了上面这些假定，就很容易找出使企业利润最大化的研发投入水平。在图 3.4 中，$Q(B, T^*)$ 代表在既定保护期 $T^*$ 内，专利技术创新带来的收益。该收益经过折现后成为研发投入的线性函数，因此在图 3.4 中表现为一条直线。$B(RD)$ 则表示付出既定研发费用之后所能降低的成本占原来成本的百分比；如果从反函数的形式来理解，则是为了降低一定比例的成本而不得不付出的研发费用。这样，使直线 $Q(B, T^*)$ 和曲线 $B(RD)$ 之间的水平距离最大的点 $M$ 便是使企业利润最大化的技术产出，其所对应的曲线 $B(RD)$ 上的研发成本 $OY$ 便是企业的最优研发支出。此时，$Q(B)$ 和 $B(RD)$ 的斜率相等，厂商的边际成本等于边际利润。

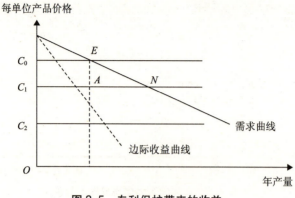

图 3.5  专利保护带来的收益

图 3.4 中的 $Q(B, T^*)$ 项是技术成果 $B$ 在专利保护期内给厂商带来的租金总量。一项使成本下降到 $C_1$ 处的专利技术给创新企业带来的市场年租金由图 3.5 中 $C_0 E A C_1$ 的面积来表示。对厂商在专利保护期内的年租金收入进行贴现便成为图 3.4 中的 $Q(B, T^*)$ 项。成本下降的百分比 $B$ 即为图 3.5 中的 $(C_0 - C_1) / C_0$。

到这里为止，已经介绍了厂商在既定保护期下的最优研发行为。对企业而言，专利保护的期限是一个既定的外生变量；但对政府而言，则是一个从理论上讲可以选择的变量。随着专利保护期的延长，企业获取的折现收益会越来越大，因此，直线 $Q(B)$ 会向右移动。在给定正贴现率这一条件下，随着专利保护期延长，在被延长的年份里获取的租金的现值会越来越小，因此，直线 $Q(B)$ 向右移动的幅度会越来越小。可从图 3.6 中看出来。随着直线 $Q(B)$ 的右移，企业最优研发投入也会向右移动，这意味着保护期的延长会使企业的研发支出变大。

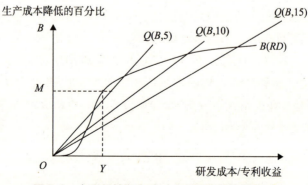

图 3.6  专利保护期变动对企业研发投资的影响

接下来的问题是，政府应该如何确定专利保护期，才使社会福利最大呢？Nordhaus 运用的是福利经济学中的标准方法。Scherer 利用几何图形进行了直观的论述。在图 3.5 中，专利保护期内，技术创新给社会带来的好处可以用图形 $C_0EAC_1$ 的面积来表示，即为创新企业所获得的超额租；专利到期后，社会处于完全竞争状态，企业超额租金为零，技术创新给社会带来的好处完全体现在消费者剩余 $C_0ENC_1$ 中。假定这种剩余在生产者和消费者之间的分配并不重要，即认为专利拥有者和社会的收入的边际效用相同，那么，求社会福利最大就等同于对第二阶段的生产者剩余和第三阶段的消费者剩余的现值之和求最大值。具体而言，即对社会总福利的现值关于专利保护期求极大值，约束条件则是企业从事研发活动时的利润最大化原则，可用图 3.6 中的 $M$ 点来表示。

对政府而言，在最优专利保护期处，应该使得延长专利保护带来的边际社会成本等于边际社会收益。如果从技术创新的社会成本来看，在专利保护制度下，社会为一项能将生产成本从 $OC_0$ 降到 $OC_1$ 的技术创新所付出的成本为发明者的研发成本加上保护期内所损失的消费者福利即 $EAN$ （$EAN = C_0ENC_1 - C_0EAC_1$）。$EAN$ 代表专利保护带来的垄断造成了社会总福利的减少。随着专利保护期的延长，企业的研发成本会上升，同时，所损失的 $EAN$ 的现值也会越来越大。另一方面，专利保护期的延长也会对社会收益带来影响。这是因为，研发成本的增加会使生产成本进一步下降，从而使生产者剩余和消费者剩余都增加。为了确定最优的专利保护期，必须对保护年限的增加所带来的边际社会成本和边际社会收益进行权衡。从理论上讲，最优专利保护期会满足边际社会成本等于边际社会收益这一条件。

社会最优的专利保护期不会是无限长的。对这一点，可以这样理解。随着保护期的延长，一方面，研发投入会增加，但取得的技术创新在降低生产成本方面却体现出边际报酬递减的趋势，因此，所增加的生产者剩余和消费者剩余越来越少；另一方面，保护期的延长，不仅会使研发成本增加，而且，保护期内丧失的消费者剩余也会增加。可见，如果保护期过度延长，会使社会边际成本超过社会边际收益，从而得不偿失，因此，专利保护期不能过长。

### 3.2.2.2　比较静态分析及结论

Nordhaus 理论模型的 3 个结论都能够利用上述图形来阐述。第一个结论是，需求曲线上最初均衡点周围的弧弹性越大，最优专利保护期就会越短。这是由于，均衡点周围的弧弹性越大，则成本下降所带来的福利损失 $EAN$ 的面积就越大。但技术所降低的生产成本 $C_0 - C_1$ 和产量都不受初始均衡点周围弧弹性变大的影响，生产者剩余不变，因此社会收益并不会随着 $EAN$ 的面积同比例增加。在这种情况下，专利保护使社会付出的成本更大，只有缩短专利保护期，才能使社会边际成本和边际收益达到新的平衡。

Nordhaus 的第二个结论是，发明可能性曲线越陡峭，最优专利保护期限就越短。发明可能性曲线越陡峭，意味着在相同成本支出下，能够取得经济上更为显著的技术进步，即 $B$ 更大或者 $C_1$ 下降到更低的位置。这是因为，呆滞性损失增长得速度快，而专利权厂商的租金只是随着 $B$ 线性地增加，因此，最优保护期会缩短。在这种情况下，延长专利保护期一方面使 $EAN$ 所代表的福利损失的现值更大，但另一方面专利保护期延长在降低成本方面的激励作用却不显著。对这些技术而言，无论专利保护期限是长还是短，都能使成本较大幅度下降。因此，采取较短的专利保护期更为合适。对此结论的进一步理解是，社会并不愿意通过延迟实现净剩余 $EAN$，来实现对进一步降低成本的激励。

Nordhaus 的第三个结论是，最优专利保护期限应该越短，最优 $RD$ 点附近的发明可能性曲线越弯曲。当发明可能性曲线越弯曲时，保护期延长使企业成本下降比例越小。最优 $RD$ 点附近的发明可能性曲线越弯曲，专利保护延期所导致的成本减少的差异越小，从而社会通过推迟完全竞争增加的社会福利收益也变小，导致最优专利保护期缩短。

图 3.7 中的发明可能性曲线是上面讨论的"弯曲的发明可能性曲线"的极端形式，是一条台阶式的折线而非曲线。在这种情况下，厂商的研发投入要么为零，要么为 $Y$。如果少于 $Y$ 这一水平，不能取得任何技术突破；超过这一水平的部分，也不能增加任何进展。在这种情形下，如果专利保护期较短，如 4 年，则没有企业愿意投资到研发中去（因为企业的研发成本超过了收益现值）。即使从社会角度看，此时的研发活动 $R$ 所带来的社会福利的增加会超过研发成本。此时，均衡状态时在原点，企业的研发活动也为零。或者说，由于专利保护期限过短，专利制度对企业的激励失效。

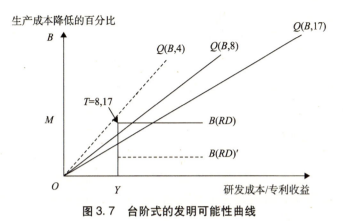

图 3.7 台阶式的发明可能性曲线

因此，Scherer 认为专利保护应该扮演两方面的角色，即激励效应和生存效应。Nordhaus 强调了激励效应。在这一效应下，最优专利政策应该满足以下条件：在垄断租金诱使下的研发投资会使成本降低的边际社会收益等于边际社会成本。这是社会福利最大化的条件。或者说，专利保护期限不能过长，从而使边际社会成本超过边际社会收益。生存效应则是强调应该使企业的研发投入为正，否则，专利制度就没有起到应有的激励创新的作用。根据生存条件，专利保护必须足够长，从而使专利权带来的收益超过研发投入。在设计最优专利政策时，这两种效应都不能被忽略掉。

在图 3.7 中，实线 $B(RD)$ 和虚线 $B(RD)'$ 分别代表了两种不同效果的技术发明。两者所需的研发费用相同，但前者能够在更大程度上降低生产成本。对前者而言，8 年的专利保护期就足以激励企业去从事创新，但对后者而言，17 年的专利保护期都不够。Nordhaus 也认为，越是容易获得的技术创新，所需要的专利保护期限就越短。Scherer 的几何分析与 Nordhaus 的结论不谋而合。

上述分析的一个显而易见的推论便是，如果立法者们准备缩短方法专利的保护期，那么，首先被淘汰掉的将会是那些成本收益比率相对低的发明。这些发明对社会福利的影响较小。

除了专利外，还有许多其他因素妨碍着竞争者的模仿行为，如天然时滞、技术秘密和模仿所需的研发过程。当市场集中度高，而且妨碍专利模仿的因素都存在时，寡头厂商就很容易收回研发投资。这样，对潜在的、成本收益率较高的发明而言，仅仅需要较短甚至为零的专利保护期限就能够满足生存条件。在这种情况下，如果采取一刀切的做法，对所有专利都提供长期保护，就会导致过度的私人收益。Scherer 认为，根据激励效应，有些低成本收益率的技术在较短专利保护期的条件下不会被开发。但在专利保护期延长的条件下则被开发出来。这种低成本收益率的技术同样能够实现一些社会福利，可以补偿由于对高成本收益率的技术提供过度保护而导致的福利损失。

因此，他们的政策建议是：建立起强制实施的弹性制度。让每个专利权人在获得专利授权之后的 3~5 年，证明自己的专利权不应该被强制实施，即证明更长的专利保护才能够满足生存条件。如果企业有大量的市场份额或者良好的市场渠道，则政府应该考虑让专利较早到期或者失效。因为此时企业不需要强专利保护就能获得正的发明利润。此外，Nordhaus 模型忽略了研发过程中的风险。如果考虑风险因素，则专利保护应该进一步加强，或者说，专利保护期应该更长一些。

如上所述，Nordhaus 模型的一个基本推论是差别性的专利保护期更能增进社会福利。这种观念受到了许多经济学家的认同，但却并不容易付诸实践。其中一个重要障碍是各个企业的研发效率和市场环境千差万别，政府获取这些信息的成本过大，而且，企业为了争取尽可能长的保护期，不会向政府主动坦白自己的真实信息。赖特（Wright，1983）反对在事后根据不同研发成本的大小对专利权提供不同的保护。这是因为，如果采用这一做法的话，在研究者们看来，当研究者们力图降低成本时，政府却可能会在事后低估其成本。而且，如果能够在事后合理地确定出赋予发明的专利权的价值，那么，还不如采用直接进行奖励的方式，因为后者可以避免社会福利的呆滞性损失。因此，尽管目前一刀切的专利制度招致了许多非议，但是他却反对在事后进行调整。❶

1982 年，美国开始征收专利年费。❷ 这一政策实际上起到了对经济效益不同的专利技术提供不同保护年限的作用。信息经济学的发展为进一步论证和改进这一政策的效果提供了思路。科尔内利和尚克曼（Cornelli & Schankerman，1999）将不对称信息引入其模型中，不仅论证了对不同企业提供不同年限的专利保护有利于增加社会福利，而且还提出了实施这一制度改进的思路，即提供一份由不同的专利保护期和专利费组合而成的"菜单"，让各个企业自

---

❶ Brian D. Wright. The Economics of Invention Incentives: Patents, Prizes, and Research Contracts [J]. The American Economic Review, 1983, 73 (4), 691-707.

❷ Z. Griliches. Patent Statistics as Economic Indicators: a Survey [J]. Journal of Economic Literature, 1990, 28 (12): 1661-1707.

已决定是否延长专利保护期。❶ 这样，就自动将在研发效率和获利能力等方面存在差异的企业"筛选"出来，实现社会福利的改进。

## 3.3 名义保护期与市场实际垄断期之间的差异

Nordhaus 等人均假设保护长度等于垄断的实际持续期，但这两者有时并不相等。实际垄断期限的起始点都可能和法定保护期起始点不同。现实中至少存在以下 3 种实际垄断期和法定保护期不相同的情形。第一种情形是，一些产品要在专利被授权后较长时间才能真正进入市场，如一些药品在其专利被授权后，还需要经过药品审查部门的测试才能进入生产。因此，其实际垄断市场的时间在专利被授权之后。第二种情形是，在专利保护到期之后，一些产品仍然能够借助某些方式继续垄断市场。如模仿者进入该市场可能面临各类进入壁垒。第三种情形是，一些专利在到期前就被权利人放弃。一些专利技术最初具有市场价值，并能给权利人带来利润。但随着其他替代性新技术的问世，该专利的市场份额逐渐萎缩，最终失去市场价值，被权利人放弃。

第一种情形曾在各国的药品专利技术领域存在了很长时间。与其他行业相比，药品行业通常更依赖专利保护，同时，由于涉及公众健康和生命安全，药品受管制的程度也更高，进入市场前要进行安全测试。1962 年，美国出台了关于食物、药品和化妆品的基福弗（Kefauver）修正案。该修正案要求专利保护到期后的模仿者们在进入某个药品市场时，必须能达到开拓性厂商所承诺的安全和效果。这意味着为了获得进入市场的资格，一个模仿者不得不对许多先行者的试验进行重复。因为许多数据处于商业秘密状态。据估计，这样一般要花费几百万美元，而且要花掉 2 年或者更多的试验期限。葛拉伯斯基和弗农的结论是，试验要求成为基福弗修正案生效时期进入美国药品市场的一道重要壁垒。❷

1984 年 9 月，里根签署了《药品价格竞争和专利期恢复条例》。这一法律被称为是 1962 年基福弗修正案以来制药行业最重要的立法。在新的法律下，在专利保护到期后，一个同类企业只需证明自己仿制的新药与先行者的产品在生物原理上差不多就够了，这是一个成本相对低的试验。该法律的其

---

❶ Francesca Cornelli, Mark Schankerman. Patent Renewals and R&D Incentives [J]. RAND Journal of Economics, 1999, 30（2）：197−213.

❷ Henry Grabowski, John Vernon. Longer Patents for Lower Imitation Barriers：The 1984 Drug Act [J]. American Economic Review, 1986, 76（2）：195−198.

他条款也更有利于专利保护到期后一般竞争者的进入。同时，对于开拓性厂商，它恢复了在进入市场前的管制过程中丧失的部分专利保护期，而且还将新产品的未来专利保护期延长了。[1]

从经济福利的角度看，新条例是大量潜在的正收益的来源，主要有两条渠道。其一，它消除了重复性的科学试验。其二，由于更有利于一般竞争者的进入，可以大量降低消费者支付的价格，从而消除了垄断导致的一些损失，将大量收益从生产者那里转向消费者。

不过，竞争者的增加和消费者支付价格的降低，会减少开拓性厂商的市场份额，或者在专利到期后导致发明者的售价更低，这将可能对研发的预期收益造成负面影响，从而导致企业研发激励和未来创新减少。而1984年条例中的专利保护期恢复条款就是被设计来消除这种潜在结果的。条例试图通过延长开拓性厂商新药的专利保护期，弥补低壁垒导致的更激烈竞争带给开拓性厂商的损失。

总之，新条例力求在不影响开拓性厂商的创新积极性的前提下，增加社会收益。一方面它通过降低进入壁垒来鼓励同类产品的竞争，以增加社会福利，另一方面则通过延长专利保护期，来避免竞争增加对企业研发激励造成的负面影响。对企业的研发激励到底是正面的还是负面的，要取决于这两方面的效应的相对力度。为了估计该条例对开拓性厂商的研发投资的净影响，葛拉伯斯基和弗农的方法是，以开拓性厂商发现和引进的新药的预期现金流量作为基准，将不延长保护期条件下的预期现金流量与延长保护期时的预期现金流量进行比较。这里的两个关键参数是专利保护期延长的年数和专利保护到期后让渡给同类药品的净收益丧失的百分比。

在图3.8中，在不对专利保护延期的条件下，净收益生命周期用 $abcd$ 来表示。直线距离 $bc$ 发生在专利到期的 $t^*$ 时刻。它代表了让渡给同类产品的净收益损失。这一损失的大小是进入可能性与进入发生时导致的损失大小这两个因素的乘积。当新条例实施后，净收益的生命周期分布为图3.8中的 $aefd$。这里，$be$ 代表延长了的那一段专利保护期限。直线距离 $ef$ 反映了取消重复性检测后同类厂商面临更低的进入壁垒而导致开拓性厂商蒙受的净收入损失。对于开拓性厂商而言，新条例延长保护期带来的收益用 $begc$ 的面积表示，新条例降低进入壁垒带来的损失用 $gfd$ 表示。对开拓性厂商的研发激励到底是正

---

[1] Henry Grabowski, John Vernon. Longer Patents for Lower Imitation Barriers: The 1984 Drug Act [J]. American Economic Review, 1986, 76 (2): 195-198.

面还是负面的，取决于收益还是损失更大。❶

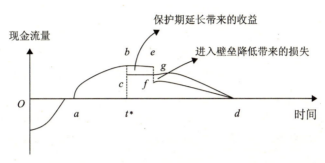

图3.8　《药品价格竞争和专利期恢复条例》对开拓性厂商的影响❷

　　图3.9描述了专利技术的实际垄断期与法定保护期不一致的第二种和第三种情形。其中，纵坐标代表一项专利技术的利润流量。在专利保护终止前后，最上面的水平线所代表的专利技术的利润流量一直稳定，说明持有该专利的厂商的市场垄断地位并不依赖专利保护，或该厂商能够借助其他方式来垄断市场。第二条和第三条曲线表示的利润流量在保护期终止时比最初有所下降，但仍能给权利人带来正利润。不同的是，专利保护一到期，第三条曲线的利润就为零了，说明该技术非常依赖专利保护。而第二条曲线在保护到期后仍能获得正利润。最下面的第四条曲线则在保护期终止前就不能产生利润，从而被专利权人提前放弃。

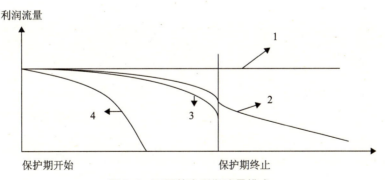

图3.9　不同的净利润流量模式

　　❶　Henry Grabowski, John Vernon. Longer Patents for Lower Imitation Barriers: The 1984 Drug Act [J]. American Economic Review, 1986, 76 (2): 195-198.

　　❷　同上注。

Frank R. Lichtenberg & Tomas J. Philipson（2002）揭示了保护期内利润流量下降的一个原因，即专利间竞争（between-patent competition）。制药行业的销售数据和专利数据相对容易收集，且容易判断不同药品之间是专利之间的竞争还是同一专利内部的竞争。用生产同一种药的厂商个数来测量专利内部的竞争程度，用同一药品类别中不同药品的个数来测量专利间竞争的程度。得出的结论是，专利保护到期后，随着竞争者加入，专利药的收益下降了。然而，在专利保护到期之前，专利间竞争导致的收益下降幅度至少达到了保护到期导致的降幅的一半。❶ 该研究为解释有效专利的年龄分布提供了一个思路。在各国专利中一定年龄以上的有效专利在所有有效专利中所占的比重以及当年有效专利的平均年龄等不尽相同，即便是同一个国家的不同时期，这些指标也会发生变化。除了打击侵权力度、专利技术实施的金融市场等市场环境因素、行业特征等因素外，还需要考虑在技术创新上的激烈程度。这是因为活跃的技术创新会加剧专利间竞争，减少各个专利技术带来的利润流，从而导致一些专利被提前放弃。

❶ Frank R. Lichtenberg, Tomas J. Philipson. The Dual Effects of Intellectual Property Regulations: Within- and Between-Patent Competition in the U.S. Pharmaceuticals Industry [J]. Journal of Law and Economics, 2002, 45 (S2, Part 2): 643-672.

# 第四章　界定市场竞争中可替代性的专利保护宽度

## 4.1　确定保护宽度的授权环节

专利保护宽度是指某项专利权所覆盖的权利范围。从法律上讲，保护宽度或权利范围是以专利权人提出的、得到政府授权的权利要求为依据的。决定了一项专利权的保护宽度的首先是专利权人自己。例如，张三围绕自己的发明充分挖掘出了所有的创新之处，并分别提出权利要求，力求使专利权覆盖的范围尽可能广泛。是否能够为发明人争取到尽可能多的权利要求，使专利保护范围尽可能宽，也成为判断专利代理人是否优秀的一项标准。

专利法条文也影响着专利保护的宽度。在 1835 年之前的英国，如果申请专利时说明书中描述的一部分内容涉及对现有专利技术的改进，该申请就不会被授权。1835 年，《布鲁厄姆勋爵法》允许人们就未涉及现有专利的那部分改进技术提出申请。❶ 这说明，一旦获得专利授权，其保护范围是非常宽的；又如，当一项新药问世后，在一些国家，可以就某些技术申请产品专利，而在另一些国家如印度则只能申请到方法专利。通常，产品专利所覆盖的范围比方法专利更大。

保护宽度还会受到审查机构的影响。在进行专利审查时，审查人员可能会认为某项权利要求不符合授权要求，而拒绝授权。一旦某项权利要求被拒绝，该项专利的保护范围也就变窄了。

总之，一项具体的专利权的保护宽度是以得到政府确认的权利要求为字面上的直接依据的。而权利要求的大小不仅受法律条文影响，而且还会受到授权环节专利权人和审查人员的行为的影响。

尽管专利保护的宽度是以权利要求书的文字描述为客观依据的，但实际宽度的确定离不开主观因素。这是因为，如果仅仅以权利要求书为依据，那

---

❶ Oren Bracha. The Commodification of Patents 1600-1836: How Patents Became Rights and Why We Should Care [J]. Loyola of Los Angeles Law Review, 2004, 38 (1): 177.

　　么，专利保护会形同虚设。比方说，如果其他人在某项专利的基础上作出微不足道的改进，如改变颜色或大小，就可以免去侵权责任的话，那么，这意味着专利保护宽度太窄了，根本不能对专利权人提供任何实质性的保护。这时候的专利证书如同一张废纸。那么，后来的发明要有多大区别才能不算侵权呢？这通常取决于司法环节的主观判断。

## 4.2　对保护宽度重新解释的司法环节

　　除了授权环节外，专利权的保护宽度在司法环节可能会被重新界定。一项专利权可能会被别人提出无效诉讼或侵权诉讼。这时候，法院需要对该专利权的有效性以及权利范围进行重新判断或给出新的解释。例如，Selden 的汽车专利针对一种轻型的、以汽油为动力的内燃机提出了权利要求。该项权利要求比较抽象，没有对该内燃机的许多重要细节进行界定。尽管专利局认可了该项权利要求，但后来该专利多次被提出无效诉讼。福特等汽车制造商们提出无效诉讼的理由包括：权利要求所体现的构思是显而易见的，该项专利说明书中所描述的内燃机只是一种特殊的类型，其他人后来设计出来的新型引擎并不和该引擎冲突。最终，美国联邦第二巡回法院对 Selden 的专利权进行了重新解释。新解释大幅度缩小了专利保护范围，认为该专利仅仅保护被 Selden 本人所使用的那一种内燃机，而不能覆盖到建立在同一原理基础上的其他内燃机上去。❶

　　授权后重新界定宽度是通过等同原则和逆等同原则来实现的。下面分别对这两个原则进行介绍。等同原则的涵义是，从字面上看，即便被告人的技术特征没有落入专利权人的权利要求书要求的领域，但只要其技术在以本质上相同的方式做了同样的工作，并达到了本质上相同的结果，那么，该技术就应该被认为和专利技术是等同的。即便两者在名称、形状等方面有差异，也不能被认为是不同的技术。❷

　　运用等同原则进行判决的经典例子是 International Nickel 公司与福特汽车公司之间就球状石墨铸铁技术展开的专利诉讼案。前者拥有一项专利，其构思是将微量的镁加入熔化的铁中去，引发晶体碳以球形状态而不是平板状态存在，这一形态的变化极大地改进了铸铁的物理特性。该专利的权利要求书

---

❶　Robert P. Merges, Richard R. Nelson. On the Complex Economics of Patent Scope [J]. Columbia Law Review, 1990, 90 (4): 839- 916.

❷　同上注。

对技术的文字描述是"将大约至少 0.04% 的镁加入铸铁中去"。福特汽车公司在实施该技术时，将低于 0.02% 的镁加入铸铁取得了类似的效果。然而，法院依然认为福特公司的技术与专利技术等同，从而侵犯了 International Nickel 公司的专利权。❶

逆等同原则恰好相反。逆等同原则的涵义是，即便从字面上看，一项被诉技术的特征落入了专利权人所要求的权利范围，但若被诉技术在原理上已经不同于专利技术，那么，就不能被认为侵犯了专利权。运用逆等同原则进行判决的经典是西屋公司与 George Boyden 公司之间的诉讼案。西屋公司开发出了使用压缩空气的车闸，并申请了专利。后来，Boyden 开发出一种性能更好的车闸，西屋公司提出诉讼。法院认为，尽管 Boyden 的技术符合西屋公司专利文件所描述的特征，但所运用的原理已经发生了实质性改变，因此，没有侵犯西屋公司的专利权。可见，逆等同原则为被告方提供了一种抗辩理由，被告方可以此原则进行抗辩。❷

## 4.3　专利制度如何界定市场竞争中的可替代性

众所周知，专利权赋予权利人垄断市场的权力。所谓垄断，就是指某一种产品在市场上没有或者缺少可替代的其他产品，从而消费者不得不购买该产品。专利保护越宽，权利覆盖的范围越大，该产品就越不容易被其他产品替代。继续拿上文提到的 Selden 的例子来说。Selden 是第一个针对使用汽油的内燃机提出专利申请的人，并从事生产。在申请专利保护时，他不仅要求对自己设计的内燃机进行保护，而且还要求对这一内燃机所体现出来的基本构思进行保护。他获得了专利局的授权。这就意味着，即便其他人的内燃机在技术上不相同，但只要基本构思一样，就形成侵权。宽口径的专利保护使得 Selden 的汽车几乎没有替代品，而他本人也一度几乎拥有了垄断整个汽车行业的权力。其他汽车制造商几乎只要从事汽车生产就会被 Selden 提出侵权诉讼和要求赔偿。

保护宽度的扩大，意味着专利权人的产品更不容易被替代。即便专利权人不改变自己的产品价格，但若保护宽度增加了，则从理论上讲与其竞争的产品种类更少了，这会使专利权人拥有更多的潜在需求者。类似地，随着保

❶　Robert P. Merges, Richard R. Nelson. On the Complex Economics of Patent Scope [J]. Columbia Law Review, 1990, 90 (4): 839-916.

❷　同上注。

护宽度的增加或替代性产品的减少，专利权人可以提高价格，而无需担心需求者大规模转向其他替代品的消费。不管是哪一种情形，都会使得专利权人所面临的需求曲线向外移动，如图4.1所示。顺便说明的是，当专利权人实施自己的专利技术时，会大致根据技术说明书的描述来组织生产，包括依据技术说明书来安排生产流程、技术方案、设备和原材料等。这会引发资金支出，构成了企业的生产成本。所以，专利产品的生产成本是被描述该专利技术的说明书所界定的。

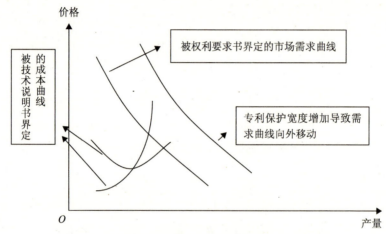

图 4.1　专利保护宽度增加导致需求曲线向外移动

专利保护越宽，专利权与其他技术之间差异越大，也就越能排斥其他技术实施。在此基础上，Gilbert & Shapiro（1990）用专利产品的利润流量来衡量保护宽度。❶ Scotchmer（1991）认为，专利保护越宽，则后来的发明者越可能对以前的专利权构成侵权，因此，可以用侵犯现有相关专利权的概率来描述专利保护宽度。构成侵权的概率越大，则保护越宽。Klemperer（1990）则直接采用专利产品与非专利产品之间的差异化程度来衡量专利保护的宽度，并由此出发考察了确定最优专利保护宽度的原则。

---

❶　R. Gilbert，C. Shapiro. Optimal Patent Length and Breadth［J］. Rand Journal of Economics，1990，21（1）：106-112.

## 4.4 确定最优专利保护宽度的基本思路❶

Klemperer（1990）考察了一个保护宽度为 $w$ 的专利，保护期限为 $L$。假定专利权人从该专利中获得的回报固定为 $V$。在此前提下，考察怎样的专利保护宽度和保护期限的组合，才能使向专利权人提供利润为 $V$ 的社会成本最小。假定社会和专利权人的折现率均为 $i$。$s(w)$ 表示专利保护宽度为 $w$ 时专利保护招致的社会成本流量。因此，政府所面临的问题是求下列目标函数关于保护宽度和保护期限的最小值：

$$\min_{\substack{0 \leqslant w \leqslant \infty \\ 0 \leqslant L \leqslant \infty}} \int_0^L s(w)e^{-iT}\mathrm{d}T \tag{1}$$

$\pi(w)$ 表示专利保护宽度为 $w$ 时企业获得的利润流量。同时满足以下约束条件（即专利权人的利润固定为 $V$）：

$$\int_0^L \pi(w)e^{-iT}\mathrm{d}T = V \tag{2}$$

将约束条件代入目标函数，有：

$$w = \operatorname*{argmin}_{\pi^{-1}(iv) \leqslant w \leqslant \infty} r(w) = \frac{s(w)}{\pi(w)} \tag{3}$$

即最优保护宽度是要使得各时点上每单位的利润流量所招致的平均社会成本最小。假设专利权人生产某个产品，如果没有来自其他替代性产品的竞争，在单位时点上社会对该产品的需求函数为 $F(p)$。然而，当专利保护宽度为 $w$ 时，其他厂商会在距离专利产品 $w$ 的位置上生产替代性、不受专利保护的产品。假设一个消费者从专利产品转向替代产品时，为每单位距离支付的转换成本为 $t$，$t$ 为一个随机变量，密度函数为 $g(t)$。其分布函数为：

$$G(t) = \int_L^\infty g(\tau)\mathrm{d}\tau \tag{4}$$

其经济涵义为消费者跨越单位距离的转换成本超过 $t$ 的可能性。进一步

---

❶ P. Klemperer. How Broad should the Scope of Patent Protection Be? [J]. Rand Journal of Economics, 1990, 21 (1): 113-130.

地，定义 $F(0) = 1$，即将专利产品价格为零时的需求量进行单位化处理。假设生产不受专利保护的产品的固定成本为零，其边际成本和专利产品的边际成本也均为零。进一步假设非专利产品的生产处于自由进入的状态，或每个生产厂商只能获得零利润。这样，非专利产品的价格便被简化为零。

这意味着，在专利保护范围的边界 $w$ 处，自由进入使替代品价格为零。对一个特定的消费者而言，只有当转向购买非专利产品所蒙受的转换成本 $tw \geqslant p$ 时，才会购买价格为 $p$ 的专利产品。这里，转换成本可被理解为由于替代产品在质量上劣于专利产品，给消费者带来的负效用的货币化价值。由于消费者的整体需求为 $F(p)$，转换成本 $t \geqslant p/w$ 的消费者的比例为 $G(p/w)$，因此，消费者的需求函数为：

$$H_w(p) = F(p)G(p/w) \tag{5}$$

专利权人制定使其利润最大化的价格，即其目标函数为：

$$\pi(w) = \max_p \{pH_w(p)\} \tag{6}$$

此时，相对于没有专利保护从而专利产品的生产也处于完全竞争的状态而言，专利保护导致的社会付出的成本为：

$$s(w) = \int_0^{p^*(w)} H_w(p)\,\mathrm{d}p - \pi(w) \tag{7}$$

而政策制定者的目的是要使单位利润所招致的社会成本最小，即使 $s(w)/\pi(w)$ 最小。如果对社会成本进行进一步考察，可以归纳出社会成本主要由三部分构成。一是那些转换成本非常高的消费者，他们在专利保护导致专利产品的价格从完全竞争状态的零水平上升到新的垄断价格水平后，仍然坚持购买专利产品。他们要么支付更高的价格，要么减少所购买的专利产品的数量。二是那些转向购买非专利产品的消费者所承受的转换成本。三是由于转换的消费者对替代产品的评价相对低或由于转换成本的存在，从而所购买的非专利产品数量少于所购买的完全竞争状态下的专利产品数量所导致的福利损失。

Klemperer（1990）考察了两种极端情形下的专利宽度和长度的组合。在第一种情形下，所有消费者面临相同的转换成本。此时，专利权人只需让价格略低于转换成本，所有的消费者都会放弃购买竞争者的产品。社会福利损失体现为那些没有转向消费替代产品的消费者需要为专利产品支付更高的价格。此时，政策制定者可以将专利保护宽度设计得狭窄一些，让专利权人降低价格，减少消费者支付垄断价格导致的福利损失。同时，为了让专利权人得到的利润维持在既定水平上，需要延长专利保护期。也就是说，在这一情形下，窄专利保护与长保护期是最优组合。

在第二种情形下，所有消费者有相同的保留价格。此时，专利权人让专利产品的价格正好等于保留价格，即专利产品的价格正好等于消费者们愿意支付的最高价格。此时，一些消费者的转换成本可能低于其保留价格，从而转向消费替代性产品。此时，专利保护导致的一项社会福利损失体现为转化成本。政策制定者可以通过确定更宽的保护宽度，增加转换成本，从而减少转向替代品的消费者数量。此时，专利保护期限也相对缩短，以便维持创新者从其专利技术中获得的总利润不变。

## 4.5　累积性发明引发的专利保护宽度问题

累积性发明是指一项发明诞生后会被其他人进一步地改良，而今天的大量发明也是"站在巨人的肩膀上"研制出来的。计算机软件、分子生物技术等领域的发明均明显地带有累积的特征。在累积发明的情形下，前一个发明者的发明对后来的发明者具有正的外部性。具体而言，一项发明授予专利后，可能通过3种方式对后来的发明产生影响。一是如果不采用这项专利，后来的发明就不可能诞生；二是该项专利能够降低后来发明的成本；三是能够节省后来发明的时间。❶ 这3种发挥外部性的方式都能使后来的发明者受益。

Scotchmer（1991）指出，社会应该既对在先发明者的原创性发明活动提供回报，又对后来发明者的改进提供报酬。人们通常认为，不管专利保护是宽还是窄，上述两类发明者都能够根据自己对未来收益的预期作出研发决策。当专利保护比较宽时，从事原创性发明能够获得强的市场垄断力量和较高收入，人们更愿意将精力投入到原创性发明活动中去；反之，专利保护越窄，从事改进性发明就越不容易构成侵权，人们也就越愿意将从事改进性发明。不管哪一种情形，两类发明者都能够根据自己对未来收益的判断作出投资决策，获得与自己的判断一致的期望报酬。

不过，Scotchmer（1991）进一步指出，现实生活中的情形并不如此简单。

---

❶ Suzanne Scotchmer. Standing on the Shoulders of Giants: Cumulative Research and the Patent Law [J]. Journal of Economic Perspectives，1991，5（1）：29-41.

这是因为，现实生活中，一些原创性发明诞生后，并不能直接给研发者带来利润，只有依赖后来的改进性发明才可能产生现金回报。发明的诞生具有偶然性，这使得在先发明者很难亲自去开发在先发明的所有潜在用途。一些新用途或改良经常是由其他人或企业作出来的。在这种情形下，如果在先发明者不能够从后续发明者那里分享到一部分收益，就不会有人愿意去从事原创性的在先发明。此时，能够增进社会利益的原创性发明就不能产生。此外，虽然许多原创性发明在诞生伊始就有明确的用途，但可能还存在大量没有被开发出来的新用途，这些潜在的新用途也需要后续发明来将其变为现实。如果在先发明者不能够分享到后续发明者的一部分收益，那么，社会对原创性的在先发明的研究投入就会低于社会适意的最优水平。此外，后续发明者也应该能够从自己的改进发明中获得足够的回报，否则，他们就没有从事后续发明的动力。

Scotchmer（1991）考察了在先发明者和后续发明者进行协作的两种方式。第一种方式发生在后续技术被开发出来之后。此时，如果专利保护很宽，那么，后续技术的实施会侵犯在先发明者的专利权。为了实施技术，后续发明者需要从在先发明者那里获得专利许可。然而，此时，后续发明已经被开发出来了，后续发明者所投入的研发成本已经属于"沉没成本"。这使得后续发明者与在先发明者进行许可谈判时处于劣势地位。在先发明者会尽可能多地将实施后续发明的收益从后续发明者那里转移到自己手中，后续发明者的收益甚至不足以弥补自己为开发后续发明所投入的成本。当后续发明者们意识到这种后果时，就不会投资于后续发明的开发。这样一来，社会也就不能充分享用现有基础性技术带来的好处。那么，上述问题是否可以通过缩小专利保护宽度来解决呢？当专利保护变窄后，后续发明落在在先发明的权利范围之外。此时，在先发明者无法从后续发明者那里获得补偿，从而会导致社会对基础性发明的投资不足。

第二种方式是指后续发明者在从事研发活动之前就与在先发明者签订联合开发协议。Scotchmer（1991）认为这种方式要优于前面讨论的专利许可。原因在于，当后续发明者意识到存在从事后续发明的机会后，与在先发明者进行协商，联合投资开发后续技术。双方联合开发和实施后续技术，并对利润按一定比例进行分配。只要后续技术的开发和实施能够让双方获得足够的补偿，这种合作就能达成。对比之下，当专利保护过宽或过窄时，采用事后专利许可时会导致后续发明者或在先发明者得不到足够的补偿。在这个意义上，事前签订联合开发协议能够缓解事后签订专利许可协议的弊端。当采用事前签订联合开发协议时，专利保护宽度的影响主要体现在后续发明者和在先发明者的利润分配比例上。❶

Scotchmer（1991）的研究对反垄断法的实施有一定借鉴意义。例如，当后续发明诞生后，实施时需要从在先发明者那里获得许可授权时，可允许两类发明者签订针对每单位产品收取的许可费，并允许两类发明者在许可协议中共同制定后续发明的产品价格。这一"串谋"价格有助于让两类发明者获得补偿，从而有助于同时鼓励在先发明和后续发明。

---

❶ Suzanne Scotchmer. Standing on the Shoulders of Giants：Cumulative Research and the Patent Law [J]. Journal of Economic Perspectives，1991，5（1）：29–41.

# 第五章 专利权司法的经济学分析

## 5.1 专利司法体制的演变

美国的专利司法体制经历了 200 多年的演变,才形成今天的格局。美国是联邦制国家,联邦和各州分别有自己的宪法,因而分别有自己的司法体系。在 1790 年专利法下,州法院提供判决。1790 年专利法通过后,原来在各州申请到汽船专利的 4 个人同时向国会提交了专利申请。由包括杰斐逊在内的 3 位官员决定是否授权。杰斐逊举办了听证会来决定是否授权,决定分别给这 4 个人授予 4 项专利,然后由各州法院来判决该专利是否在该州有效。这其实是将决定权还给了个州。各州的判决结果是,专利权的状态和各州原来的状态是一样的。❶

在 1793 年专利法下,司法判决开始从州法院过渡到联邦法院;在 1793 年专利法下,联邦对专利权注册登记后,由法院以判决方式予以审查。这为陪审团在判决中要求发明有利于公共利益创造了客观条件。1836 年之后,所有专利官司才由联邦法院来管理。1836 年专利法明确规定专利局进行专利审查,申请人不服专利局审查结果可以上诉再审查。这样,尽管法院在侵权判决中可能会涉及专利权是否无效或者部分无效,但是这种情形较少,法院主要扮演着侵权判决者的角色。

具体说来,美国各州对专利权人的总体态度并不完全相同,有些州支持,也有些州消极。南部某些州在独立前根本就没有实施专利制度。由于历史的惯性,30 多年后这些州在对待专利制度上难以有大的改变。例如,在 1822 年的兰登诉德格鲁特(Langdon vs. DeGroot)案中,法官判决原告的发明(一种深受欢迎的原棉产品的包装材料)不能给公众提供好处,实质上是为了让南部的棉花种植园主免费享用这一技术发明。惠特尼轧花机专利的有效性长期得不到法院的确认,其专利长期被侵权同样也发生在南部。更何况奴隶没有权利申请专利也让南方很愤怒,让南部州认为专利制度对其不公平。

即便由联邦法院的各地区法院来进行判决,仍然不能消除地区间的这一

---

❶ 杨利华. 美国专利法史研究 [M]. 北京:中国政法大学出版社,2012:20.

差异。法院的陪审团成员来自当地居民。陪审团成员、各地法官以及最高法院的法官对于"发明足够有用和重要"这一条款的态度不一定相同，因而就使得这一条款有发挥效力的空间。尽管专利权人可以在其专利因这一条款而被地方法院宣布无效而向最高法院上诉，但是最高法院每年能处理的案件非常非常有限，上诉案一般很难得到及时处理。而且即使处理了，专利权人扳回的可能性也不是100%，毕竟专利法中有相关规定。1870年及以后美国专利法彻底告别"发明足够有用和重要"条款，让人们将专利申请主要集中到发明的新颖性上来。

下面，对1836年后美国法院作为专利授权的仲裁者的历史演变进行简要说明。1836年专利法回避了法院作为授权的仲裁机构，设立独立的审查委员会来仲裁。该委员会成员由国务卿聘用3名没有利益关系的人士组成，其中至少应有1人具有与所涉发明相关领域的知识与技能。他们在受聘后，应宣誓忠诚而公正地履行所担负的职责。尽管如此，这个独立的审查委员会昙花一现，因为该审查委员会的仲裁结果不具法律强制力。仅仅在3年之后，在1839年3月，国会通过法案规定专利授权的仲裁者是哥伦比亚特区法院（是联邦法院的地方法院，不是州法院的地方法院）的首席法官。该首席法官除了正式的薪金之外，每年还因审理不服专利授权决定的申诉案而从专利基金中得到额外100美元的补贴。当事人不服首席法官判决的，可以上诉到联邦最高法院。另外一个潜在的仲裁机构是弗吉尼亚州东区联邦地区法院，美国最新专利法规定两个仲裁机构中只能选择其中一个，不服可再上诉到联邦巡回上诉法院。

尽管对专利授权进行仲裁的权力又回到了法院，但是首席法官垄断着交易仲裁。当然，原因可能是申请仲裁的案例太少，用不着太多的法官掺和这类案件。但是，既然有垄断，就有超额利润。并且逐渐有了不满。到1852年，专利申请人对专利局长的决定不服可以向该法院的任一法官起诉。换句话说，专利申请人可以按照自己的意愿选择法官。这样，在判决上偏向于专利申请人的法官自然最受欢迎。而法官由于可以从每一起司法判决中获益，从而也愿意尽可能作出有利于申请人的司法判决。这种方式产生的司法判决的公正性自然受到质疑。

1870年专利法将授权的仲裁权交给哥伦比亚特区高等法院，❶ 由法院实

---

❶ 现代欧美国家就一司法案件选择法官的方式是由法院随机挑选法官，这既能保证法官之间的竞争，也能阻止法官判决受当事人的行为影响。

行全体审判。如果申请人不服法院判决，可以通过诉讼取得衡平法救济。1891 年美国通过《司法法》，建立巡回上诉法院。1893 年建立与巡回上诉法院平级的哥伦比亚特区上诉法院，以审理不服哥伦比亚特区高等法院判决的案件。这样，专利申请人在专利申请被审查部门拒绝后，可以向专利局的申诉委员会申诉；如被拒绝，可以向专利局长申诉；不服局长的决定可以向哥伦比亚特区高等法院上诉；不服判决，可以上诉到哥伦比亚特区上诉法院。1927 年的法律简化了程序，规定不服专利局的申诉委员会的裁决者，可直接上诉到哥伦比亚特区上诉法院或者递交衡平法起诉状，并且二者只能任选其一。1929 年海关与专利上诉法院取代哥伦比亚特区上诉法院审理不服专利局授权的案件。

直到 1982 年之前，美国专利商标局的上诉案件由美国海关和专利上诉法院审理，美国地方法院专利诉讼的上诉案件则由地区巡回法院审理。不同的上诉法院可能对各种专利问题作出不同的判决，如 1953 年，"犁振动杆夹具"的专利权人起诉 John Deere 公司侵犯了其专利权，两个巡回区上诉法院各自对该案作出了不同的判决。[1]

为了统一对专利判决的审查，1982 年，国会通过了《联邦法院改进法》，根据该法在华盛顿哥伦比亚特区成立了美国联邦巡回上诉法院（CAFC）。其最为人熟悉的职能是作为对专利权属纠纷和侵权诉讼的专门上诉法院。美国最高法院很少审理专利案件，且法律规定所有专利相关事务的上诉案件必须由联邦巡回法院审理。因此，联邦巡回上诉法院成为美国专利判决的主要机构。历史上，专利纠纷占美国联邦巡回上诉法院所有案件的 1/3 左右。2012 年，美国联邦巡回上诉法院受理的专利纠纷占其案件总数比例上升到 45%，其中，联邦地区法院的专利侵权上诉案占 35%，来自美国专利商标局的专利授权纠纷占 8%，来自美国国际贸易委员会有关专利的纠纷占 2%。[2]

美国联邦巡回上诉法院的成立，缓解了此前专利诉讼由地方巡回法院审理的审判结果不一致、专利权权利不确定的问题，从而有利于人们对专利技术的交易和实施。不仅如此，联邦巡回上诉法院还在司法取向上采取了倾向于专利保护的态度。1982 年以前，在专利纠纷诉讼案件中，最终被判定为有效专利的比率极低，这受到了当时强硬的反垄断政策的影响。因为在政府和法院对垄断采取强硬态度的背景下，人们认为专利权的垄断在很多情形下妨

---

[1] 魏玮. 美国联邦巡回上诉讼法院看上去很美 [N]. 中国知识产权报，2013–06–20.

[2] 同上注。

碍了技术的扩散。受这种意识影响，地方法院在判案中倾向于宣告专利无效。不过，1982 年之后，随着联邦巡回上诉法院的成立，司法理念也发生了变化。新的理念认为，垄断是让专利权对经济产生影响的必要条件。在这种理念的影响下，专利纠纷中，最终判定专利权有效的比率大幅度提高了。1982~1990 年，联邦巡回上诉法院推翻地方法院的"专利无效"的判决比例从 12% 上升到 28%；地方法院维持专利有效性的比率从 80 年代以前的 62% 上升到 90%；而在所有专利纠纷诉讼案件中，最终被判定为有效专利的比率则上升到了 54%。❶

不仅法院判决更有利于维护专利权的有效性，而且，对侵权者的惩罚力度也加强了。1982 以来，在对专利侵权者进行处罚的赔偿数额增加了，出现了一些赔偿额度超过 1 亿美元的案件。到了 90 年代，赔偿额高于 1 亿美元的案件数量是 80 年代的 5 倍。赔偿数额中，利息成为一大项目，这使得原告获得的实际赔偿数额不受打官司和取证时间长短的影响。❷ 侵权者除要支付赔偿外，还要受到其他附带处罚。例如，在宝丽来诉柯达公司案中，宝丽来公司获得的赔偿额度高达 8.73 亿美元，侵权方柯达公司还被令关闭生产设备，购回已经售出的侵权产品。❸

历史地看，专利行政部门似乎逐渐分担了越来越多的司法职能。美国专利局内部对专利申请的审查程序基本上呈增加趋势：1793 年仅仅注册登记；1836 年专利法规定局长审查新颖性；1870 年专利法规定如果申请人不服专利局初审，局长需要安排复审；1952 年的专利法规定专利申请人在复审之后如果不服审查结果可以继续向"专利上诉与争议部"上诉；❹ 2011 年专利法则进一步增加"双方复审"和"授权后复审"，并用"专利审议与上诉委员会"替代"专利上诉与争议部"。这种变革的目的是不断增强专利权的稳定性，降低专利权被宣布无效的概率。当然，如果专利申请人不服专利局的决定，法院仍然可以作为仲裁者出现在两者之间。

近些年来，美国司法体制的调整有助于提高创新市场的运行效率。美国各州的司法分割导致市场分割，一些州通过无效来鼓励技术扩散，削弱了专

---

❶ 包海波，盛世豪. 20 世纪 80 年代以来美国专利制度创新及其绩效［J］. 科技与法律，2002（4）：44.

❷ 同上注。

❸ 羽确. 专利的有效性与临时禁令［N］. 中国知识产权报，2002-10-09.

❹ 这一条款成为法律最初出现的时间可能是 1939 年。当时国会通过的法案规定建立一个委员会来处理优先权纠纷。

利制度激励创新的效果。而由联邦巡回上述法院统一判决，可以起到稳定专利权的效果。另外，让行政部门分担一部分司法职能，可以为某些情形下的专利争议提供便捷高效的渠道，避免高昂的法院诉讼成本。

## 5.2 专利诉讼为什么会发生

对专利权的界定和实施产生争议时，可以向法院提起专利诉讼来解决。与专利有关的司法案件分 3 类：一类与授权有关，一类与抗辩有关，还有一类与侵权有关。

第一类是授权诉讼。在专利授权环节，尽管除申请人以外的其他人也参与评判一项发明是否可以获得专利，但是专利局是专利权证书的垄断授予者，其他人的评判没有专利局的认同不具效力。因此，如果出现交易纠纷将是专利申请人与专利局之间的纠纷。历史上，他们之间纠纷的解决方式有两种：让独立的第三方仲裁和由法院判决。美国在 1836~1839 年，由国务卿组织一个临时的三人委员会来仲裁；在 1839 年之后，由专门的法院来判决。1953 年德国专利法曾规定，专利局的抗告委员会与无效委员会的决定是终局决定，不得再向法院提起诉讼。但是 1959 年德国联邦行政法院在一项判决中将德国专利局认定为行政机关，对其作出的决定不服的，可以向行政法院提起诉讼。当前，这种纠纷在各国基本上由法院判决。

第二类是抗辩诉讼或无效诉讼。抗辩诉讼本质上是不同于专利局的第三方借助司法判决竞争性地审查专利的有效性。如果第三方认为专利无效，可以提起抗辩诉讼。在专利授权之后，可能会发生专利权人（原告）控告他人（被告）侵害了自己的专利权。在此情形下，被告也可以提出抗辩诉讼，请求法院判决原告的专利权无效。

第三类是侵权诉讼。在专利权人（原告）控告他人（被告）侵害了自己的专利权且被告不提起抗辩诉讼的情况下，法院根据专利法采取的行动包括判定是否侵权以及如果侵权如何计算损害赔偿金。

在不同诉讼中，专利权人扮演的角色不一样。在授权诉讼和侵权诉讼中，专利权人担任原告角色，对未经许可而实施自己专利权的主体提出诉讼；在无效诉讼中，专利权人担任被告角色，由认为专利不应该被授权的其他主体提出诉讼。Lanjouw & Schankerman（2001）认为，与专利授权诉讼和侵权诉讼相比，专利无效诉讼具有外部性。即当某人提出无效诉讼并获胜诉后，不仅他本人可以免费实施该案件所涉及的专利，而且其他没有提出诉讼的人也可以免费实施。而专利侵权诉讼中，原告获胜后，收益归自己享有，其他人不能从其胜诉中获利。他们认为这或许是导致现实生活中专利无效诉讼案件明显低于专利侵权案件的原因之一。❶

那么，专利诉讼为什么会发生呢？对原告而言，提起诉讼时，也需要进行成本和收益上的权衡。只有当他认为诉讼所带来的预期收益超过所付出的相关成本时，才会提起诉讼。Lanjouw & Schankerman（2001）认为，诉讼行为的发生取决于以下 4 个方面。首先，原告能够捕捉到专利权正在被侵犯的事件，或意识到专利本不该授权的依据；其次，原告和被告之间存在比较大的信息不对称，从而很难私下达成协议；再次，所涉及的争议会给原告和被告带来比较大的收益或损失；最后，相关主体对诉讼成本的承受能力。

基于以上分析，他们提出了揭示一项专利被提起诉讼的可能性的 4 个假说。它们分别是：原告越能意识到可能发生争议的事件，发生诉讼的概率越大；原告和被告之间的信息不对称越严重，诉讼概率越大；所涉及的专利权价值越大，诉讼概率越大；随着诉讼成本相对于私下调解的成本增加，提起专利诉讼的可能性越低。

他们第一次同时收集了美国专利商标局和地区法院的专利数据，不仅分析了 1980~1984 年提出申请的专利的诉讼情况，而且还构造了一个随机匹配样本，来和诉讼样本进行对比分析。他们所使用的主要指标有单个专利的权利要求数、他引数、引他数、单个权利要求书的他引数和引他数、4 位数的 IPC 代码个数、所涉专利与他引专利和引他专利之间的技术相似度。技术相似度用两个专利所对应的 IPC 代码中相同的代码个数所占比例来表示。此外，还考察了各个专利的所有者特征，如是美国人还是外国人，是企业还是个人。

它们对数据进行分析的主要发现如下。①为今后一系列累积性发明奠定基础的专利，容易被提起诉讼。基础性专利涉及大的利益。这不仅因为专利权人可以通过直接许可或转让基础性专利获利，而且还因为基础性专利的法律状态会影响到专利权人从未来的改良发明中获利的能力。②当专利被很多在紧密相关的技术领域内活跃的厂商引证时，容易被提起诉讼。这是因为，专利厂商会建立起积极保护专利的声誉，会让竞争者知难而退。③拥有专利权的企业比拥有专利权的个人更可能提起诉讼。出乎意料的是，专利权的权利要求个数并没有导致侵权诉讼可能性显著增加。这与人们通常持有的看法

---

❶ Jean O. Lanjouw，Mark Schankerman. Characteristics of Patent Litigation：A Window on Competition [J]. The Rand Journal of Economics，2001，32（1）：129-51.

正好相反。通常，人们认为，某项专利权所要求权利的个数越多，所覆盖的权利空间就越大，其他人的行为就越可能落入该范围，从而造成侵权。但是，本书却发现，某项专利权的权利要求个数越少，越容易被提起诉讼。④权利要求个数越多，反而不容易被提起诉讼。这可能是由于当某项专利权具有广泛用途时，专利权人反而更不容易判断它是否被其他人侵犯。❶

该书揭示的发生诉讼的比例要低于 Lerner（1995）解释的在新兴技术领域发生诉讼的比例。这可能是由于相关各方对权属及其价值的认知和判断上存在较大差异。❷ 由此出发，Lanjouw & Schankerman（2001）提出的政策建议是，政府应该针对新兴技术领域作出更明晰的规定，如可专利性标准、裁判标准等，以减少各方在信息和认知上的差异。该项研究的意义还在于，当保险公司在推出专利诉讼保险这一险种时，需要根据投保者的风险大小收取保险费，这就需要对各类投保者的诉讼概率进行区别和估算。本文揭示出，当专利权的所有者为小企业或个人时，专利权被提起诉讼的风险显著更高。这可以为专利诉讼保险义务的开展提供参考。可见，数据分析的结果基本上支持了上述 4 项假说。

当然，要完整地理解诉讼行为，还需要结合诉讼后果来进行进一步的分析。例如，结合诉讼双方最终是通过法庭判决还是庭外和解来解决、赔偿金额大小等数据，能进一步增进人们对诉讼行为和法院司法方式的理解。此外，还可以结合诉讼双方自身的经济特征进行分析，理解所处行业特征、企业规模等因素对诉讼行为和结果的影响。

## 5.3  司法体制对专利诉讼行为的影响

不同的司法体制会产生不同的影响。一个高效率的司法体制应能减少不必要的诉讼费用支出。这正是推动欧洲建立统一的专利法院的动力。Harhoff（2009）指出，一个统一完整的欧洲专利诉讼体系的经济收益体现在避免重复提起诉讼、诉讼成本降低导致的对诉讼需求增加、申请专利导致的激励变化三大方面。仅避免重复提起诉讼所节省下来的费用就颇为可观。2009 年左右，每年被重复提起诉讼的专利侵权案件个数大约在 146~311 个之间。到 2013

---

❶ Jean O. Lanjouw, Mark Schankerman. Characteristics of Patent Litigation：A Window on Competition [J]. The Rand Journal of Economics, 2001, 32 (1)：129–51.

❷ Josh Lerner. Patenting in the Shadow of Competitors [J]. Journal of Law and Economics, 1995, 38：463–496.

年，这一数字大约上升到202~431之间。这意味着2013年一个统一完整的专利法院会为侵权诉讼者省下1.48亿~2.89亿欧元的诉讼费用。即便采用1.48亿元的保守估计，建立一个统一完整的专利法院的成本收益比率也能达到5.4。一个在规模上能处理940个侵权案件的专利法院的运营成本为2750万欧元。❶

Reitzig，Henkel & Heath（2007）指出，近年来专利蟑螂（patent trolls）的出现实质上与现有专利司法体制下法院判决方式存在缺陷有关。当前，当法院在判处侵权者支付的赔偿金额时，不管采用哪一种赔偿标准，都没有考虑到侵权者如果不侵权、事先采用绕过性发明策略的情形。❷

具体说来，法院在确定赔偿金额时，至少有以下3种标准。

一是由于侵权导致的专利权人丧失的利润。"专利权人所丧失的利润"标准适用于那些实施专利的专利权人。其原理是，若没有侵权行为的发生，专利权人将会获得多少利润。实施"专利权人所丧失的利润"标准时，专利权人得公布自己的成本信息，许多企业并不愿意接受这一点。在法院实施这一标准时，需要考虑对受专利保护的产品的市场需求，考虑若没有来自侵权者的竞争条件下专利权人的产品销售量等因素。概括地讲，在一个"反事实推理"❸的假想背景下对"所丧失的利润"进行推理。然而，法院没有考虑到，即便作为侵权方的被告不侵权，也可能通过自主研发研制出与在一定程度上能替代被诉专利技术使用的其他技术，从而仍然能给专利权人带来竞争压力，导致后者的利润减少。法院在判决赔偿金时，并没有考虑到这一点，从而人为夸大了专利权人所丧失的利润。这会导致一些专利权人故意躲起来，让企业陷入侵权困境，然后索取高额补偿。进一步地，一些本身并不打算实施专利技术的机构意识到这样做有利可图，便将提起诉讼作为获利的重要来源，专利蟑螂就这样形成了。

另外两种标准分别是按照"侵权者从侵权中所获的利润"和按照通常的

---

❶ Deitmar Harhoff. Economic Cost-Benefit Analysis of a Unified and Integrated European Patent Litigation System ［EB/OL］. Institute for Innovation Research, Technology Management and Entrepreneurship, 2009, Tender No. MARKT/2008/06/D, http：//ec. europa. eu.

❷ Markus Reitzig, Joachim Henkel, Christopher Heath. On Sharks, Trolls, and Their Patent Prey—Unrealistic Damage Awards and Firms' Strategies of Being Infringed ［J］. Research Policy, 2007, 36（1）：134-154.

❸ 诺贝尔经济学奖得主道格拉斯·诺斯和福格尔在对19世纪铁路在美国经济中所起的作用进行考察时，采用了"反事实推理"的方法。此后，这一方法广为人知。该方法也被用于评估一项具体的政策所产生的经济影响。

许可率赔偿。❶ 在采用"侵权者从侵权中所获的利润"这一标准上，各国做法有差异。日本将这一标准适用的对象设定为那些自身也确实实施和使用了专利技术的专利权人。如果专利权人自身没有实施技术，那就不能依据这一标准获得赔偿。在德国，专利权人则可以获得侵权者从侵权行为中获取的全部利润。按照通常的许可率赔偿，是最常被采用的赔偿标准。长期以来，日本采用日本公司的国内专利行业许可费率作为赔偿标准。这种做法一直持续到 1998 年。

在采用这两种赔偿标准时，法院同样没有考虑到，作为侵权方的被告事先通过自主研发研制出与能替代被诉专利技术使用的其他技术的可能性。如果侵权者实施自己研发出来的绕过性发明，那么，仍然能从中获得一定利润。法院在判决侵权者支付的"从侵权中所获的利润"时，并没有考虑到这一点，从而人为夸大了侵权人所需支付的利润。这同样会导致一些专利权人故意躲起来，让企业陷入侵权困境，然后索取高额补偿。采用通常的许可率赔偿也面临类似的问题。一些企业在实施某项技术之前，已经进行了专利检索，以免侵犯他人专利。如果检索到该技术确实是被其他人拥有的专利技术，则有两种选择，要么参照行业许可率水平从专利权人那里获得许可，要么自主研发替代性的技术。但是，如果专利权人刻意隐藏自己的专利信息，那么，侵权人就会以为不会侵犯他人权利而实施技术。此时，专利权人再提起诉讼，法院判决的赔偿标准仅参照行业许可率，并不考虑侵权者实际上还可以通过自主研发来获得替代性技术的可能性。如果通过自主开发替代性技术的成本低于通过许可获得专利技术的成本，那么，法院就会夸大对专利权人的赔偿。这同样会助长专利权人采用先躲起来、然后出来要求赔偿的做法。

Reitzig、Henkel & Heath（2007）用一个决策树对上述逻辑进行了直观阐释。上述分析的政策含义是，要从制度上消除专利蟑螂，就需要法院在进行侵权赔偿判决时，考虑侵权者在侵权前拥有的另一条获取技术的途径，即通过绕过性研发来获得替代性技术。例如，在采用"侵权者从侵权中所获的利润"这一赔偿标准时，如果法院将侵权者支付的最高赔偿额度设定为侵权所获利润与企业自己从事技术研发的成本之差，那么，专利蟑螂就不再能够获得相当于利润或超过利润的赔偿，这样，专利蟑螂就没有必要隐藏自己的技

---

❶ 诺贝尔经济学奖得主道格拉斯·诺斯和福格尔在对 19 世纪铁路在美国经济中所起的作用进行考察时，采用了"反事实推理"的方法。此后，这一方法广为人知。该方法也被用于评估一项具体的政策所产生的经济影响。

术了，而是事先与相关企业达成许可专利技术的协议。

## 5.4　专利判决如何影响产业结构

专利侵权判决会直接引起产业结构的变化。让我们以一个具体行业为背景展开分析。该行业内，有大量企业在未经专利权人允许的条件下涉嫌使用某项技术。然而，大多数企业在实施该技术时，并不与原来的专利技术绝对相同，而是多多少少有一些差异。学术界对侵权者的调查也发现绝大多数涉嫌侵权者实际使用的技术与原来的技术之间确实会存在或大或小的差异。如果法院认为前后技术的"差异"要很大才不至于落入侵权范围，那么，一些仅仅具有较小差异的企业将会被界定为侵权者，会丧失使用该技术的资格或不得不付出额外代价才能继续使用该技术，一些企业还可能被迫退出该行业。理论上，存在一个前后技术差异的临界值，该临界值是法律或法院所要求的被告实际使用技术与原告受专利保护的技术之间的最小差异值。法院在判决是否侵权时，会将涉嫌侵权者实际使用的技术与专利权人的技术进行比较，如果两者之间的差异大于该临界值，则认为不侵权；如果两者之间的差异小于该临界值，则判定为侵权。

这个临界值的大小，与经济学中的专利保护"宽度"和司法判决中侵权标准的宽严程度联系在一起。如果一部既定的法律或司法系统授予专利权的权利边界比较宽，那么，后来者需要作出比较大的技术改进才不至于侵权。这意味着，该部法律或司法系统所设定的"临界值"比较大。相对大的临界值也意味着侵权标准是比较严格的，仅作出较小改进仍然会被判决为侵权。

一个容易推导出来的结论是，较大的临界值或较严格的侵权标准会较大幅度地减少行业内企业个数，而较低的临界值或较宽松的侵权标准会使存留下来的企业个数相对多一些。从经济学角度看，判断是否侵权的标准宽严扮演着与行业进入壁垒类似的作用。临界值越高或判断侵权的标准越严格，其他企业进入该行业的法律壁垒就越高；临界值越低或判断侵权的标准越宽松，进入壁垒就越低。

正是由于专利侵权判决结果会直接影响到一个行业的结构，因此，历史上发生过为使行业结构处于比较合理的水平而调整专利侵权判决标准的事情。19 世纪下半叶的美国，侵权判定的标准从中心限定理论转向周边限定理论。这次转变以 1873 年的 Mitchell v. Tilghman 案、1879 年的 Burns v. Meyer 案和 1886 年的 White v. Dunbar 案为标志。这两种判定标准的主要差别在于：中心限定理论主要以技术说明书为依据，在判断后来者使用的技术是否侵权时，主要看后来者使用的技术是否与技术说明书中的内容等同；而19世纪80年代后周边限定原理在判断是否侵权时，以权利要求书为依据，主要看后来者使用的技术是否与专利权人要求的权利等同。在使用中心限定原理时，后来者使用的技术更容易被判定为侵权；而在使用周边限定原理时，后来者使用的技术被判定为侵权的可能性变小了。

推定这次转变的一个重要原因就是希望通过缩小专利权范围、减少侵权的可能性来允许更多的主体从事创新。19世纪下半叶，正是第二次工业革命兴起的时期。化学等新兴产业领域内充满了大量的技术创新机会。如果继续按照中心限定原理来判断是否侵权，大量实施实质性改进发明的企业被判断为侵权的可能性相对大，从而可能被排除在行业之外。这会使美国丧失开发和运用大量新技术的机会。这一问题不仅激起了一些发明者和企业的不满，也影响了法官们的观念，认为这有悖于专利法鼓励有用发明的创造活动的主要宗旨。因此，从中心限定原理转向周边限定原理的经济根源在于，美国希望更多企业能有机会在第二次工业革命中通过技术改进进入新兴行业和从事持续创新，而不是被在先发明者阻挡在行业之外。用经济学术语讲，就是希望通过司法原则的调整，来增强新技术市场（最典型的一类创新市场）上供给者的数目和供给方之间的竞争性。

不仅侵权判断标准的宽严程度会影响到行业结构，而且，侵权者赔偿的数额高低也会影响到行业结构。在被界定为侵权的那些企业中，有的企业善于经营，拥有一定的口碑和品牌，财务状态好，在支付较高的赔偿金之后，依然能在市场中生存下来；而有些无品牌、财务状态差的企业则可能由于支付侵权赔偿额而破产，从行业中退出。侵权赔偿数额的高低直接影响到留存下来的企业个数。较高的侵权赔偿数额，会使行业内企业数目有所减少，较低的赔偿数额会使企业数目相对多。

对政策决策者而言，应该选择一个适度的侵权赔偿金额。这一适度金额应该使社会有足够的创新积极性。太高的赔偿金额，会使行业内企业个数处于过少状态，导致潜在创新者个数过少，不利社会的创新；太少的赔偿金额，会削弱行业内企业从事领先创新的积极性，同样不利于创新。

美国历史上，发生过一次专利侵权赔偿金额支付标准的重大变化。引起这次变化背后的经济根源就与决策层希望有更多资源投入创新活动有关。美国1793年专利法引入了3倍赔偿标准，要求赔偿金应至少等于专利权人通常将专利出售或许可给他人的价格的 3 倍。1800 年，考虑到许多专利并没有出售价格或许可价格可供参考，因此将赔偿损失调整为至少为专利权人遭受实际损失的 3 倍。真正重大的变化发生在 1836 年。该年度大幅度修订了专利法，规定法官可以根据案件具体情况，在陪审团已确定的金额基础上将赔偿金提高到至多 3 倍。这一做法在后来的历次专利法修订中被保留下来，延续至今。

为什么 1836 年会发生赔偿金额支付标准的变化呢？比较这次变化前后的条款，不难发现，1836 年之前的 3 倍赔偿是指侵权人应该支付的最低标准，而此后的 3 倍赔偿则是最高标准。要理解发生这一变化的原因，既需要借助经济理论，也需要结合当时的历史背景。将最低标准定为 3 倍的初衷是为了让专利法具有威慑力，能够对专利权提供实质性保护。然而，这一做法在当时具体环境下却导致了人们对从事创新的顾虑。当时，在判断是否侵权时，中心等同原则已经开始得到应用，专利权保护的宽度比较大，后来者使用的技术哪怕存在显著改进也可能被判定为侵权，并支付至少 3 倍的赔偿。而且，将最低赔偿标准定为 3 倍，使各地区法院对侵权进行判决时，赋予了法官和陪审团极大的自由裁量权。这意味着涉嫌侵权者可能会付出极高的代价。其后果是，人们对从事创新活动有较大顾虑，担心一不小心被判定为侵权，并被惩罚到倾家荡产的地步。这削弱了整个社会的创新激情。

1836 年专利法修订时将"至少 3 倍"的最低赔偿下限修订为"最高 3 倍"的最高赔偿上限，在一定程度上就是为了打消人们从事创新的顾虑，鼓励更多人或企业从事创新。即便被判定为侵权，其代价也是相对可预测的。在当代美国，司法部门的态度也多少会受到具体行业产业结构的影响。如果一个行业已经处于垄断状态，那么，出于鼓励更多新企业进入该行业的考虑，法院会要求垄断企业对新企业使用其专利技术提供相对合理的条款。这实质上是在事前就解决好了后来者使用前人技术所需支付的费用问题。一些发展中国家设置侵权赔偿额的上限，也是出于类似的考虑。

上述理论分析和历史考察对我国确定专利侵权赔偿标准具有借鉴意义。我国目前正在探讨专利侵权的惩罚性赔偿问题。2012 年 8 月，我国公布了《中华人民共和国专利法修改草案（征求意见稿）》。这是我国第四次对专利法进行修订。拟修订的内容之一是引入"惩罚性赔偿"制度。根据修订前的2008 年《专利法》，侵犯专利权的赔偿数额按照权利人因被侵权所受到的实际损失、侵权人因侵权所获得的利益、参照该专利许可使用费的倍数合理确定，或根据专利权的类型、侵权行为的性质和情节等因素确定给予 1 万元以上 100 万元以下的赔偿。依据这种方式计算出来的赔偿被称为"补偿性赔偿"。此次修订中，拟引入惩罚性赔偿，管理专利工作的部门或者人民法院可以根据具体情况将赔偿数额最高提高至 3 倍。

这次修订中引进惩罚性赔偿制度，很大程度上源自创新主体的呼吁。一些专利权人在维权过程中，即便赢了官司，但也只能获得与预期相差甚远的赔偿。而侵权者在支付赔偿后继续侵权的例子并不罕见。在这种背景下，引入惩罚性赔偿，可以增强对专利权人的保护，符合党的十八大"实施知识产权战略，加强知识产权保护"的整体思路。

与补偿性赔偿相比，确定惩罚性赔偿金额时，法官面临更大的自由裁量空间。担心司法部门在确定惩罚性金额时过于随意甚至滥用权力，是社会对引入惩罚性赔偿的顾虑之一。尽管此次修订中对罚款最高倍数进行了规定，使罚款数额处于 0~3 倍的区间内，但具体惩罚金额的确定仍然是一个存在争议的问题，法律也只是要求依据侵权的"情节、规模、损害结果"等比较主观的因素来确定。但是，到底应该支付多少惩罚性赔偿才算合适呢？本小节的分析表明，行政部门和法院在判断侵权和对侵权行为进行处罚时，可将维持有利于整个行业创新的创新者和生产者个数这一因素考虑进去。当一个行业充满大量的创新机会而现有的创新个体数目又非常少时，可实施相对轻的惩罚，给予模仿者相对大的生存空间，以此来增加潜在的创新者个数；相反，当一个行业内的模仿者非常多、整个行业生产能力过剩而创新动力不足时，可通过加大对侵权者的惩罚力度，来缩小模仿者的生存空间和减少过度产能，使游离出来的生产要素和市场份额向优势企业聚集。美国从中心限定原理转向周边限定原理的历史也表明，当一个行业充满大量的创新机会而现有的创新主体数目又非常少时，可鼓励后来者进行改进，以此来培养该行业内的创新者和生产者个数；相反，当一个行业由于在先者的技术被他人廉价使用而导致创新动力不足时，可通过加强对侵权者的处罚来增强对专利权人的保护，推动该行业的持续创新。我国当前更多地处于后一种情形。

目前，我国专利侵权中的一个案例是，某个企业设计了一种新型产品并申请了专利，后来免费仿制的企业数目高达上千家。对这样的行业而言，企业个数可能太多了。如果通过对侵权者进行惩罚（如通过支付若干倍数的许可费率的方式），会淘汰掉一部分相对差的企业。由于这数千家企业在经营能力上存在差异，因此，一些在质量、品牌上有竞争优势，甚至拥有自己的改良技术的侵权企业，即便在支付惩罚性赔偿后也仍然会生存下来。从被淘汰出来的企业中释放出来的生产要素和市场份额，会向留下来的企业集中。于是，那些存留下来的企业在更有利于创新的市场环境下发展壮大起来。行业结构也会由此发生变化，从极端分散、不利创新、产能过剩的行业结构转型为品牌、技术存在差异、各企业之间进行充分竞争的行业结构。只有在这样的行业结构下，才可能会催生出一些强壮的、有创新活力的企业。

总之，在行政和司法部门确定惩罚性赔偿的额度时，可以将确定有利于创新的创新者和生产者的个数作为决策依据之一。对一个具体行业而言，如果行业内企业个数非常多，特别是多数企业都在使用别人的创新成果，新技术一出来，各企业都可以免费使用的话，是不利创新的；如果行业内企业个数太少，会导致行业内竞争不充分和缺少创新动力，同样不利于创新。理想的司法判决应该使企业个数处于适度区间范围内。这一确定惩罚性倍数的思路与2014年度中央经济工作会议"着力抓好化解产能过剩和实施创新驱动发展。坚定不移化解产能过剩，不折不扣执行好中央化解产能过剩的决策部署"的最新精神也是一致的。

# 第六章　专利交易市场的运行

## 6.1　专利交易市场的演变

专利交易市场指专利转让和许可市场，即专利权人直接将专利作为一种资产进行交易的市场。Fisher & Gee（2013）认为，持有专利权的企业具有以下几种利用这一权利的方式，即亲自实施、转让、许可、与其他主体合作实施、捐赠，并分别对采用这几种方式的典型案例进行了分析。❶ 不管是亲自实施还是合作实施，都需要从出售产品或提供服务中间接获利。捐赠或许能给企业带来好处，但捐赠本身并不能直接带来——对应的收入。在这几种方式中，只有专利转让和许可才直接将专利作为一种资产进行交易。笔者赋予"专利交易市场"和"专利市场"不同的涵义。专利交易市场是许可和转让的市场，而专利市场则涵盖了专利权实现价值的各种途径。专利市场的范畴大于专利交易市场。

需要顺便指出的是，人们通常所说的"以专利权入股"实际上是专利转让市场上的一种具体交易方式。一些企业与其他企业合作实施专利技术时，将自己拥有的专利权转让给新设立的企业，同时获得新设立企业的股份。在这种以专利权入股的方式中，拥有专利权的企业的资产负债表上，无形资产科目减少的金额正好等于专利权价值，而"对其他企业的股权投资"这一科目也正好增加相等的金额；对那家接受专利权入股的新设企业而言，其资产负债表上的无形资产和所有者权益分别增加的金额也正好等于专利权价值。新设企业的其他股东之所以愿意承认专利权是与其投入的货币具有相同权益的股本，而不是采取购买或接受许可的方式来获取专利，通常是为了激励后续研发和技术支持。

专利制度的确立是专利交易市场诞生的前提。根据阿罗（Arrow）悖论，信息是很难成为一种被交易的商品的。如果不告诉需求方信息的内容，则无法定价；如果告诉对方，则已经掌握信息内容的潜在需求方则可能会以该信

---

❶　William W. Fisher, Felix Oberholzer Gee. Strategic Management of Intellectual Property: An Integrated Approach [J]. California Management Review, 2013, 55: 157.

息无用而拒绝购买。然而，专利制度在一定程度上克服了阿罗悖论。专利文献是公开的，容易被需求方掌握。但如果需求方没有得到专利权人的许可便使用相关技术，则会承担法律责任和经济责任。于是，需求方通常需要向专利权人支付费用，以便获得使用技术的合法资格。这样，专利交易市场便产生了。

在英国专利制度建立初期，专利权人通常采用的获利方式是亲自实施专利技术。不久便意识到可以将专利权本身当作资产进行交易。英国历史上曾对被许可人的个数进行限制。当专利权人对专利进行转让时，最初受让人只能有 5 位，后来增加到 12 位。❶ 为什么要进行这样的限制呢？可能是被许可人的个数越多，先接受许可的人会处于越来越不利的地位。最初单个被许可人生产规模小，且运输成本高昂，因此，专利权人对其他地方的人继续进行授权许可，不会给以前的被许可人带来太多竞争。然而，随着运输成本的降低和生产规模的扩大，新增被许可人给在先被许可人带来的负面影响越来越大。专利权人可以在授权条款中对每个专利权人的市场范围进行界定，但却无法限制人们将其中一个地区的专利产品带往另外一个地区销售。当然，也可以由专利权人和第一个被许可人在许可协议中对今后被许可人的个数进行限制，但被许可人却很难对此进行监督。于是，由政府对被许可人的最大个数进行限制，可以增加被许可人对市场竞争程度和利润流量的预期，增加人们寻求专利许可的积极性。

在美国南北战争以前，奴隶不能申请专利，这意味着奴隶没有资格作为专利交易市场上的供给者。1793 年的法律严格规定只有美国公民才能获得专利权，1800 年放宽到宣誓准备入籍美国的人。因此，在 1793 年专利法下，奴隶不能就其发明申请专利。不允许奴隶获得专利意味着奴隶的发明只能变为公共知识，这自然降低了奴隶主支持奴隶从事研发的积极性，同时也损害奴隶主因奴隶工作经验积累而形成发明却不能获得专利的利益。1836 年修订的专利法规定任何人都可以就其发明申请专利，申请专利的费用是 300 美元。但是，1836 年专利法规定申请人必须宣誓自己是发明的真正发明人。❷ 由于奴隶不被视为公民，从而不能以公民身份宣誓，也不能以自己的名义提出专

---

❶ Oren Bracha. The Commodification of Patents 1600-1836: How Patents Became Rights and Why We Should Care [J]. Loyola of Los Angeles Law Review, 2004, 38 (1): 177.

❷ 这是 1793 年专利法中形成的、并一直持续到今天的专利法条款。这与美国宪法中的精神是一致的。

利申请。奴隶宣誓无效应该是最高法院司法判决的结果,因为奴隶是私有财产,不能承担刑事和民事责任。奴隶宣誓无效不仅仅针对专利司法诉讼,也针对其他所有司法诉讼。因此,除非有特别的法律条款规定,否则难以在专利司法判决中网开一面地认定奴隶宣誓有效。美国南北战争期间,南部分离各州组建邦联,邦联针对性地通过了准许奴隶因他们的发明而获得专利的立法,以获得奴隶们在军事上的支持。

1836 年专利法修订中,奴隶没能获得申请专利的权利,要么是在该法立法投票表决过程中南部议员疏忽所致,要么是由于北方力量已经压过南方所致。在美国独立后早期,南部政治家在国会和政府大体上相对强势,这可以从当时美国重要政治人物大部分来自南方显示出来。但是,由于大量自由人口移民美国,而早在 1807 年美国就通过立法禁止奴隶的国际贸易。这使得 1836 年以后,大体上按人口比例产生(一名公民一张投票权,而一名奴隶有 3/5 张投票权)的众议院议员中来自自由州的人数多于来自蓄奴州的人数。在这种背景下,南部在国会不占优势,国会很难通过让奴隶获得专利申请权的法案。如果国会支持奴隶申请专利,那么在发现这一限制之后只需通过一个修正案增加一个特别条款准许奴隶发明人申请专利即可破除这一限制(美国专利法不停以修正案形式进行修改)。但是,这一限制一直不曾破除,直到南北战争结束后,1865 年美国宪法修正案第 13 条"不准有奴隶制或强迫劳役存在,惟用以对合法制罪之罪犯作为惩罚者不在此限"。奴隶获得公民身份。奴隶不能获得专利权的争议因此自行消失。奴隶制曾给美国政治经济带来许多纷争,奴隶能否申请专利只是这些纷争中的一个。

1836 年的美国专利制度改革引入了实质性审查。此后,美国的专利申请和专利交易第一次真正活跃起来。1845 年,专利局登记了 2108 个转让记录,该年累计有效的专利数量达到 7188 件之多。❶ Lamoreaux & Sokoloff(2002)考察发现,在 19 世纪末 20 世纪初的美国,对受专利保护的新技术进行交易的市场已经发展得相对充分和成熟了。❷

---

❶ Naomi R. Lamoreaux, Kenneth L. Sokoloff. The Rise and Decline of the Independent Inventor: A Schumpeterian Story? [G] // Sally H. Clarke, Naomi R. Lamoreaux, Steven W. Usselman. The Challenge of Remaining Innovative: Insights from Twentieth Century American Business. Stanford: Stanford University Press, 2009. 转自:吴欣望,朱全涛. 创新市场与国家兴衰 [M]. 北京:社会科学文献出版社,2012:155.

❷ Naomi R. Lamoreaux, Kenneth L. Sokoloff. Intermediaries in the US Market for Technology 1870-1920 [EB/OL]. NBER Working Paper No. 9017, 2002, http://www.nber.org/papers/w9017. 转自:吴欣望,朱全涛. 创新市场与国家兴衰 [M]. 北京:社会科学文献出版社,2012:38.

从许可方式看，19 世纪美国的专利许可方式经历了从分区域许可到统一许可的转变。19 世纪 40 年代，89%～90%的专利交易都采用了针对不同区域进行授权的做法，即各个被授权人只能在既定的地理范围内实施专利权。那时候的市场多是地区性的，拥有有价值的专利技术的发明者通常既在自己的工厂里使用技术，又将专利权转让或许可给其他人来获利。枪托机床、弯木机等技术的发明者 Thomas Blanchard 就充分利用各种方式来获取收益。例如，他亲自使用新机床来制造枪托，供应波士顿市场及出口；他也许可其他地方的枪支生产者使用自己的发明，许可生产鞋楦、轮辐等相关产品的厂家使用弯木机技术。分地区转让意味着被转让方只是在自己所处的地理区域范围内才拥有垄断权。这种分地理区域转让方式的存在，源于发明人并不总能单独靠个人的力量来在全国范围内攫取专利垄断权的潜在价值。当发明人本人在某个地区建立工厂进行生产，同时许可给其他人在其他地方从事生产和贸易时，相关产品的市场会处于分割垄断的状态。后来，随着铁路等交通工具的普及，美国市场一体化增强了，专利的分地区转让方式才逐渐减少乃至消失。这时候，分地区许可和生产下的地区分割垄断型的市场结构将无法维持，因为运输成本降低了，各地区生产厂商之间会相互试图进入对方的地盘而展开竞争。❶

一个广泛的全国性许可和交易网络发展起来了。连接这个网络的是专利交易中介。专利交易中介的基本职能是降低专利交易中的信息搜寻成本和对买卖双方进行匹配。19 世纪中期，尽管美国已经对专利信息免费公开，但当时信息传播的技术落后，专利说明书沉淀在专利局的档案室里，查阅说明书并不方便。于是，专利技术交易中介借助发行刊物来传播可供转让或许可的专利技术信息。最大的专利代理机构 Munn 公司发行了《科学美国人》（*Scientific American*），Brown & Coombs 公司发布了《美国工艺家》（*American Artisan*），对有较大应用价值的专利进行介绍。随着时间推移，这类刊物的数量更多了，还出现了专门就特定行业的专利态势进行报道的刊物，如《玻璃技术界杂志》（*Journal of the Society of Glass Technology*），该刊物对英美两国与玻璃制造相关的所有专利给予了详细的介绍。专利技术交易中介机构还在这些

❶　Naomi R. Lamoreaux，Kenneth L. Sokoloff. The Rise and Decline of the Independent Inventor：A Schumpeterian Story？［G］// Sally H. Clarke，Naomi R. Lamoreaux，Steven W. Usselman. The Challenge of Remaining Innovative：Insights from Twentieth Century American Business. Stanford：Stanford University Press，2009. 转自：吴欣望，朱全涛. 创新市场与国家兴衰［M］. 北京：社会科学文献出版社，2012：38.

刊物中开辟"待售的发明和专利"栏目，为专利权人提供发布出售权利的信息平台，同时也开辟"对新技术的需求"栏目为需求方发布对新技术的需求信息。专利权人在栏目中对其技术进行详细描述，说明其并不担心技术被别人免费使用，从侧面反映了当时美国专利保护制度的有效性。

专利代理人和专利律师发挥着积极的交易撮合作用。特别是 1836 年美国对专利申请的新颖性等进行实质性审查后，专利权的权属更具确定性，专利申请的积极性和专利交易的数量都随之提高了，专利代理人和专利律师的人数也增加了。专利代理人的基本职能是帮助发明人申请专利，专利律师的基本职能则是在诉讼环节为客户辩护。然而，在和客户交往的过程中，他们掌握了关于专利技术的卖方和潜在买方的大量信息，于是潜在买方雇用他们对专利技术的各种属性进行评估。

为了搞活市场，发布期刊的专利交易中介机构还亲自从事专利的买卖业务，与今天证券市场的做市商有些许类似之处。如美国专利权协会（U.S. Patent Right Association）就通过其刊物《专利权公报》（*Patent Right Gazette*）申明："如果你希望在最短的时间内以最大的确定性充分实现你的专利的价值，我们就是你的最佳选择。"❶

专利广告费、交易佣金或专利买卖价差构成了专利技术交易中介机构的主要盈利来源。为了吸引更多的客户，中介机构对自身也进行广告宣传，如Wouther 专利推广公司申明："我们推销专利，欢迎任何想推销专利的发明家与我们联系。"❷ 不过，一些宣传手册也提示发明者："大部分交易中介是不可靠的，它们只想从专利权人那里赚钱，却很少卖出一个专利。"中介从专利权人那里赚取钱财的方式是通过收取 25 美元到 250 美元不等的做广告宣传的预付款，尽管在广告中这些中介只声称在交易成功后提取佣金。❸ 大部分中介仅靠做广告就能生存下来，正说明当时发明活跃和专利技术供给丰裕。

发明人绕过中介，直接找当地的企业家或商人，建议对方购买和实施专

---

❶ Naomi R. Lamoreaux, Kenneth L. Sokoloff. Intermediaries in the US Market for Technology 1870－1920 [EB/OL]. NBER Working Paper No. 9017, 2002, http：//www. nber. org/papers/w9017. 转自：吴欣望，朱全涛. 创新市场与国家兴衰 [M]. 北京：社会科学文献出版社，2012：56.

❷ Naomi R. Lamoreaux, Kenneth L. Sokoloff. Intermediaries in the US Market for Technology 1870－1920 [EB/OL]. NBER Working Paper No. 9017, 2002, http：//www. nber. org/papers/w9017. 转自：吴欣望，朱全涛. 创新市场与国家兴衰 [M]. 北京：社会科学文献出版社，2012：57.

❸ Naomi R. Lamoreaux, Kenneth L. Sokoloff. Intermediaries in the US Market for Technology 1870－1920 [EB/OL]. NBER Working Paper No. 9017, 2002, http：//www. nber. org/papers/w9017. 转自：吴欣望，朱全涛. 创新市场与国家兴衰 [M]. 北京：社会科学文献出版社，2012：58.

利的情形一直存在。这说明专利技术交易中介并不是唯一的交易渠道。尽管如此，通过中介实施交易在 19 世纪中期的美国更为普遍，正式注册的专利中介机构在专利交易中发挥的作用随时间推移而显著上升。

美国专利局保存了包括专利权人的姓名和住址以及专利受让人的姓名和地址的交易信息。美国国家档案馆则保存着专利权转让交易合同的复印本。这些资料之所以被保存下来，是因为当时法律要求任何转让或许可专利的交易活动必须在交易实现后的 3 个月内，将完整的交易合同拿到专利局备案，备案之后的交易才受到法律保护。专利局工作人员还会对这些合同的基本信息进行摘录，于是，交易信息就这样保存至今。❶ 借助这些资料，Lamoreaux & Sokoloff 对 1871 年、1891 年和 1911 年的专利交易记录进行了统计分析。结果表明，正式注册的专利中介机构在这类交易中的相对地位随时间推移而显著上升。1871 年，26.1% 的专利交易是由这类机构促成的；1891 年，份额上升到 42.7%；1911 年进一步上升到 55.7%；相反，专利权和受让人直接交易的比重则从 1871 年的 33% 下降到 1911 年的 11.2%。❷

Lamoreaux & Sokoloff 还借助历史文献和计量方法证实了专利交易中介在提高交易效率和推动研发活动的分工中的作用。交易中介机构的介入提高了专利技术交易的效率。中介机构促成的交易中，有很大一部分交易发生在专利被正式授权之前。1871 年，47% 的专利转让是由正式注册的专利代理人在授权之前促成交易的，相比之下，只有 18% 的转让是由没有注册的非交易双方的第三方促成的，另有 9% 是由交易双方直接交易的。这段时期，从专利申请到专利授予的平均时间不到半年，然后，却有如此高比例的转让发生在授权之前，这表明，代理机构在专利权交易中积极履行着匹配交易双方的功能。代理人借助和发明家建立起来的长期合作关系，能够事先获得新技术的相关信息，同时也掌握大量关于专利权的应用范围和需求主体的信息，所以能够对交易双方进行匹配。❸ 这些专利技术交易中介有时还扮演着金融中介的角色。它们不仅可以帮助发明者找到专利的买主或被许可人，有时候还帮助他们获得资金，以亲自建立企业或实施进一步的技术改进。

专利交易中介推动了研发活动的分工。善于利用中介的发明家无需为自

❶ Naomi R. Lamoreaux, Kenneth L. Sokoloff. Intermediaries in the US Market for Technology 1870-1920 [EB/OL]. NBER Working Paper No. 9017, 2002. http：//www.nber.org/papers/w9017. 转自：吴欣望，朱全涛. 创新市场与国家兴衰 [M]. 北京：社会科学文献出版社，2012：56.
❷ 同上注。
❸ 同上注。

己并不擅长的技术转化和企业运营耗费精力，可以专心从事研发活动，这提高了他们的发明活动的效率。数据也表明，更能利用中介的发明者，研发活动的效率更高。1871 年，使用注册了的正式专利中介来转让或许可的专利权人平均而言 5 年内专利授权量为 6.92 件，相比之下，那些使用没有注册的中介机构的专利权人 5 年内专利平均授权量为 3.76 件，使用委托人的则为 2.28 件。平均而言，对那些使用正式注册的专利代理机构的专利权人，其被授权的专利权中被转让出去的比重也更高，5 年内转让出去的专利数为 5.97 件，相形之下，那些使用没有注册的中介机构的专利权人 5 年内专利平均授权量为 2.66 件，使用委托人的则为 0.69 件。❶

专利交易中介的蓬勃发展，反映出当时的新技术交易市场上有大量的技术供给方和投资需求方。如果仅有少数几个供求者，是没有必要借助专门的中介机构获取信息和进行匹配的。正是由于大量供求者的存在，才有必要由专门的机构来发布信息和匹配交易者。这说明，专利交易中介的蓬勃发展本身就是创新市场具有竞争性的结果和表现。专利交易中介的发展又进一步增强了创新市场的竞争性。中介机构的信息推广活动将沉淀在专利局档案馆中的专利挖掘出来，推向市场，在增强技术供给的竞争性的同时，也吸引了更多的潜在需求者。

通过为新技术提供产权保护，专利制度可以鼓励发明者去其他地方推广技术。这意味着，发明活动并不非要在生产活动集中的地方进行。专利交易网络的发展降低了发明活动对生产所在地的依赖。Petra（2011）对 1851～1915 年 4 次世界技术博览会的专利数据进行了分析。结果显示，在生产活动的地区集中程度下降之前，专利申请的地区集中程度就已经下降了。他使用 Herfindahl-Hirschmann Index（HHI）指数来衡量地区集中程度，将 1876 年作为一国基准年份，1876 年后化学发明的地区集中程度下降了 70% 多，制造机器的地区集中程度下降了约 25%。申请专利保护的发明的份额每上升 1%，地区集中程度就下降 1.3。❷

专利池是一种特殊的专利许可方式。自 1856 年诞生第一个专利池以来，

❶ Naomi R. Lamoreaux, Kenneth L. Sokoloff. Intermediaries in the US Market for Technology 1870-1920 [EB/OL]. NBER Working Paper No. 9017, 2002, http：//www.nber.org/papers/w9017. 转自：吴欣望，朱全涛. 创新市场与国家兴衰 [M]. 北京：社会科学文献出版社，2012：56.

❷ Moser Petra, Bilir Kamran, Talis Irina. Do Treaties Encourage Technology Transfer? Evidence from the Paris Convention [EB/OL]. (2011-07-22). http：//ssrn.com/abstract=1893052.

到 2002 年，诞生了大约 100 个专利池，其中大多数在美国。❶ 第一个专利联盟于 1856 年出现于美国，即缝纫机专利联盟（1856~1877）。早在 1846 年，Elias Howe 设计出连锁缝纫这一对缝纫机作出重要改进的技术，并获得专利。尽管该专利受到了挑战，但 1853 年法院支持了该专利。此后，Elias Howe 开始征收高额的许可费，其许可费占平均售价的一半。尽管许可费很高，但 Elias Howe 的许可并不能使得被许可人拥有生产一台性能良好的缝纫机的全部所需专利。制造商们纷纷对缝纫技术提出自己的专利申请。这种状况威胁到缝纫机的生产和销售。例如，Singer 公司就警告消费者不要从其他涉嫌侵权的厂商那里购买缝纫机。1856 年，为了解决这一问题，Singer Wheeler & Wilson、Grover & Baker 这几家公司和 Elias Howe 成立了一个专利池，该专利池中有 9 项生产缝纫机所需的基本专利，1856 年之后池中再没有增加新的专利。该专利池一直持续到池中所有专利都到期。1867 年，Elias Howe 拥有的最后一项专利到期。Elias Howe 并没有直接生产缝纫机，而是靠许可获利。在组建专利池时，他提出任何时候池中专利都应该许可给至少 24 家制造商。一旦非成员厂商购买了许可，专利联盟不应该再对其施加限制。最重要的是，被许可人可以不受联盟干预而自由制定产品价格。专利联盟还规定，从许可费中留出至少 1 万美元来进行专利维权和诉讼。该费用超过了大部分小型制造商的年销售额。剩下的许可费在各成员中进行分配。❷

专利池使非成员企业面临的诉讼风险增加了。1856~1876 年，专利联盟提出了 15 起诉讼，而同期缝纫机专利诉讼仅有 55 起。联盟成员各自发起的诉讼还有 9 起。绝大部分诉讼都是针对非联盟成员提出的。这意味着专利联盟可能增加了非成员企业的诉讼风险，同时降低了内部成员的被诉风险。专利池成立后，许可费的整体水平降低了，特别是联盟成员之间的许可费水平降低了。1856 年后，联盟成员支付的许可费为每台机器 5 美元，非联盟企业则支付 15 美元。相比之下，每台机器售价为 65 美元。1860 年后，成员支付的许可费继续下降到 1 美元，非成员则下降到 7 美元。1867 年，Elias Howe 的专利过期时，专利池取消掉了对成员征收的许可费，对非成员的收费则下降到 5 美元。通常认为，专利联盟可以增加成员企业的预期利润和减少非成员

❶ Francois Leveque, Yann Meniere. Intellectual Property and Competition Law, in The Economics of Patents and Copyright [M]. Berkeley Electronic Press, 2004.

❷ R. Lampe, P. Moser. Do Patent Pools Encourage Innovation? Evidence from Nineteenth Century World Fairs [EB/OL]. Working Paper 9909, 2003, http://www.nber.org/papers/w9909.

企业的许可成本，因此，也有利于行业的技术创新。但缝纫机专利联盟的成立却似乎并不利于该行业的技术创新。❶ 在某些技术领域，专利被大量不同的专利权人拥有，对产业发展形成了约束。20 世纪初期，为了降低产业发展过程中的交易成本，美国政府于 1917 年组建了飞机专利联盟和于 1924 年组建了美国无线电专利联盟。❷

专利交易市场的繁荣推动了一些有潜质的发明家专门从事发明活动。在整个 19 世纪，出现了发明分工的强化趋势。19 世纪早期是一个相对分散的发明时代。当时，发明者一生通常只申请一件或两件专利，从事技术创造只是个人工作的一部分而已，甚至不是主要部分。从专利交易记录来看，直到 19 世纪中期，最富创造力的发明者往往是独立的发明者，很少是被授权企业的雇员。但从 19 世纪 30 年代到 70 年代，这些兼职发明者的份额从 70% 下降到了不足 40%。相反，被拥有 10 个以上的专利的专利权人所拥有的专利份额从 5% 上升到了 20%。专职发明家的相对重要性的上升促进了发明劳动的分工，让这些专职发明家既能集中主要精力做自己擅长的事情，也允许他们选择最有能力的企业作为转让、许可或实施技术时的合作或交易对象。❸

在英国，18 世纪末就出现了介绍专利技术的宣传册。最初是专利权人自己制作和传播这些宣传资料，后来出现了介绍多种技术的专业杂志。1794 年创办的《生产技术大观》登载的大部分内容就是专利说明书，1797 年开始发布新授权专利的目录。1798 年，《哲学杂志》开始刊登对新授权的专利技术进行评价的文章。后来出现了介绍专利法的论著，如科科尔的《专利法论》等。在 1852 年专利法修订中发挥关键作用的伯纳·伍德克力夫不仅亲自从事发明，还从事专利代理业务，收藏了大量专利资料，并对这些资料进行分类和索引。❹

19 世纪中期，英国专利交易市场的活跃程度似乎开始滞后于美国了。这源自多方面的原因。其中一个原因可能是当时英国专利制度的特征。长期以来，英国不对专利申请进行实质性审查。1905 年，英国专利办公室才开始对

❶ R. Lampe, P. Moser. Do Patent Pools Encourage Innovation? Evidence from Nineteenth Century World Fairs [EB/OL]. Working Paper 9909, 2003, http://www.nber.org/papers/w9909.

❷ 陈欣. 专利联盟理论研究与实证分析 [D]. 武汉：华中科技大学，2006.

❸ Naomi R. Lamoreaux, Kenneth L. Sokoloff. Intermediaries in the US Market for Technology 1870-1920 [EB/OL]. NBER Working Paper No. 9017, 2002, http://www.nber.org/papers/w9017. 转自：吴欣望，朱全涛. 创新市场与国家兴衰 [M]. 北京：社会科学文献出版社，2012：56.

❹ 龚璇. 德国知识产权法的历史演进 [D]. 武汉：华中科技大学，2011.

50 年内的专利申请文件进行检索。但这一审查仅仅局限于是否具有新颖性，而非像美国那样对创造性进行审查。一份针对当时专利资料的调查发现，有超过 40% 的专利权被授予了在以前的申请文件中被描述过的技术。❶ 坏专利的泛滥抑制了 19 世纪人们购买专利的热情。

第二次工业革命时期的德国专利交易市场十分活跃。德国专利制度具备的多个特征都有利于专利交易市场的发展。德国 1877 年专利法规定专利技术必须在授权后 3 年之内付诸实施，否则被宣告无效。这迫使发明人尽快寻找买主。研发雇员的发明成果由雇用他们的企业提出专利申请。此外，专利权人必须支付年费来保持权利的持续有效。第一年和第二年都是 50 马克，此后每年以 50 马克的幅度增加，到第 15 年即最后一年时达到 700 马克。整个保护期内的年份累计可达到 5300 马克，大约是 1913 年人均收入的 6.5 倍。这种制度使专利权人积极借助专利交易来获得回报。❷

同时，德国严格的专利审查制度使专利权颇为稳定，这也为技术交易市场的繁荣奠定了基础。1877~1913 年，专利申请的总量是 765 653 件。大多数申请没有通过专利局的审查，只有 304 057 件申请被公布，其中有 11 701 件被人提出异议而没有得到授权。在被授权的专利中，只有 877 件后来被专利局取消掉。1902~1913 年，只有 359 件专利侵权案件被判决，其中一半案件的胜诉方是专利权人。被提出异议的专利和进入司法判决的专利只占总专利数的很小比例，这说明德国专利权是非常稳定的。德国专利制度的上述特征推动了专利技术交易市场的发展。❸

从交易次数看，1884~1887 年和 1889~1913 年，219 513 件专利在德国被授权。在这些专利中，至少 8.3% 的专利被交易过至少一次。因此，19 世纪晚期和 20 世纪初期德国的专利技术交易比例接近美国 1983~2002 年的水平（13.5%），但远远低于美国历史上 1870 年、1890 年和 1910 年约 34% 的水平。此外，2265 件专利被交易过两次，230 件专利被交易过 3 次，27 件专利被交易过 4 次。❹

从交易主体看，在当时的德国，企业构成了市场需求的主体，约三分之

---

❶　Karnika Seth. History and Evolution of Patent Law: International and National Perspective, Patent & Trade Mark Reporter, Part 1 & 2 January to June 2004 [M]. Amity University Press Publication, 2004.

❷　C. Burhop. The Transfer of Patents in Imperial Germany [J]. The Journal of Economic History, 2010, 70 (4): 921-939.

❸　同上注。

❹　同上注。

二的专利被企业买走。相比之下，仅有约三分之一的专利是由企业发明的。而且，企业擅长筛选出成功的专利，其购买专利的质量也更高。不仅如此，企业间交易随时间流逝越来越重要。企业间交易比重从 1884~1893 年的 10% 上升到 1904~1913 年的 19%。而个人之间的交易份额从 1884~93 的 26% 下降到此后的 21%。被第二次交易的专利技术的买卖方中，企业比重进一步提高了。❶

从交易发生的时间看，所有交易中，约三分之二的交易是在授权之后 3 年内发生的。在发生的专利交易中，30.9% 的交易发生在授权后第一年，21.6% 发生在授权后第二年，15.9% 发生在授权后第 3 年。因此，总共有 68.4% 的专利发生在授权后的 3 年之内。❷

到了 20 世纪，经历了两次世界大战之后，专利交易市场似乎一度低迷。像爱迪生实验室那样的靠市场生存的独立技术供应商消失了。然而，到了 20 世纪 90 年代，一系列金额巨大的专利交易事件的发生让人们重新意识到这个市场的存在。而且，近 30 年来，这一市场发展得非常迅速。下面将对该市场上的参与者策略进行分析，并分析那些影响这一市场的流动性的因素。

## 6.2　专利交易市场上的参与者

在专利交易市场上，有供给方也有需求方。接下来，我们考察专利权供给方的行为。

要进行专利许可或转让，首先得申请和获得专利权。但是，拥有专利权并不是发明人从新技术中获利的必要条件。即便不申请专利，发明人也能获得一些收益，甚至也能在一定时期内垄断市场。现实生活中客观存在的模仿时滞会给先行动者带来好处。Edwin Mansfield 估计，其他人耗费的模仿时间平均占先发明者所耗费研发时间的 70%。换句话说，如果先行动者花了 5 年时间从事研发，那么，模仿者平均要花 3.5 年时间进行模仿性研发。这意味着，即便没有专利保护，先行动者也能享有 3.5 年的实际垄断期。此外，先行动者还享有在学习和研发上继续领先的优势。❸ 当不申请专利权的厂商能够有效地采取保密措施或者独家拥有实施技术的互补性资产时，对专利保护的

---

❶　C. Burhop. The Transfer of Patents in Imperial Germany ［J］. The Journal of Economic History, 2010, 70（4）: 921-939.

❷　同上注。

❸　Thomas Cheng. Putting Innovation Incentives Back in the Patent - Antitrust Interface ［J］. Northwestern Journal of Technology and Intellectual Property, 2013, 11（5）: 385.

依赖性会进一步降低。

新技术的私人收益和社会收益是两个不同的概念。前者是新技术的拥有者获得的收益,后者是新技术带给整个社会的收益。William Baumol 估计,创新者仅能获得其创新成果价值的 20%,其余的 80% 归社会享有。❶ 进一步地,由于即便没有专利保护新技术也能带来一些收益,因此,新技术的私人收益和专利保护的私人收益是不同的。❷ 新技术带来的私人收益包括了专利保护带来的私人收益,但也包括即便不申请专利权也能获得的私人收益。

Grilriches、Pakes & Hall 发现,专利保护带给私人的收益大约处于整个国家的研发开支的 10%～15%。❸ 电子设备、金属原料、办公设备、汽车等行业在 1981～1983 年对专利保护的依赖程度并不高,若无专利保护,该时期会减少 10% 的研发项目。而制药业和精细化工行业的依赖程度高一些,分别会减少 60% 和 40% 的研发项目。❹

传统的利用专利的方式是借助专利来排斥竞争者,为企业创造垄断利润。2003 年,IBM 首次宣布,该年度仅从专利许可业务中公司就获得了 10 亿美元的收入。这一关键性事件改变了产业界管理层的意识。他们意识到,专利不仅自身可以被当作商品来交易,而且还可以成为企业的一项重要盈利来源。由此推动了将专利资产转化为货币资产的"专利货币化"(patent monetization)运动的开展。❺ 主动将打算许可给其他企业使用的技术公布在公司网页上,已成为波音、IBM、杜邦等大公司的普遍做法,尽管我国企业似乎还缺乏这种主动参与到专利交易市场中去的意识。

转让与许可专利是专利交易市场上的两种交易方式。许可与转让的不同之处在于,许可后专利权人还享有维护专利权的权利和义务,同时,还需要监督被许可人以便按期收到合同约定的许可费。一个问题是,为什么不是所有专利都采取转让的方式实现交易,而是总存在许可呢?原因可能在于双方对专利权未来能够产生的现金流收入的预期存在差异。例如,专利权人认为,一项专利权未来能够产生比较稳定的现金流收入,而被许可人则认为该专利

❶ Thomas Cheng. Putting Innovation Incentives Back in the Patent – Antitrust Interface [J]. Northwestern Journal of Technology and Intellectual Property,2013,11(5):385.

❷ 同上注。

❸ 同上注。

❹ David Encaoua, Dominique Guellec, Catalina Martinez. The Economics of Patents:from Natural Rights to Policy Instruments [EB/OL]. 2003, http://nber.org/CRIW/papers/encaoua.pdf.

❺ Ashby H. B. Monk. The Emerging Market for Intellectual Property:Drivers, Restrainers and Implications [EB/OL]. 2009, http://ssrn.com/abstract = 1092404.

产生的现金流收入极不稳定。如果采用转让方式进行交易得话，被许可人只愿意支付比较少的金额，这是专利权人不愿意的。于是，许可便成了双方都愿意接受的交易方式。

企业转让专利，可能是出于不同的原因。例如，可能由于某个原本从事的研发项目中途被放弃了，例如当西门子打算退出移动手机行业时，将1000多件专利出售给BenQ；可能对某个产品拥有多个可相互替代的专利，从而要出售一些专利；可能破产了，或陷入流动性困境，需要用专利来换取现金；或许是整体兼并其他企业时获得了一些兼并者自身其实并不需要的专利。❶

专利交易市场上的供给方不仅包括那些拥有专利权的企业，而且还包括大学和各类科研机构。这些机构的实验室通常不亲自实施专利，从而比企业更依赖许可和转让。特别是拜杜法案实施以来，大学更积极地参与到专利交易活动中来。

企业是专利交易市场上的主要需求者。一些购买者主要从事生产业务，本身并不或很少介入研发活动。例如，一家生产纸巾的企业购买了一套受专利保护的检测设备，加快了生产速度，降低了单位成本，赢得了市场竞争优势，获得了可观回报。因此，即便是不从事研发活动的生产型企业，也应该关注专利文献，特别是本领域新出现的专利技术，以便主动采用新技术，增加企业利润。也有一些购买者既从事研发活动，也从事生产活动。例如，许多处于快速发展的新兴技术领域的新创企业在亲自开发技术的同时，也会从外部购买技术。这样，可以更快地向市场推出产品和收回投资，以便提前进入下一阶段的技术改良和新产品研制。

近些年来，美国提高了对专利侵权者的惩罚力度。这一环境的变化使企业积极采取措施来应对侵权问题。一些企业开始实施"专利防御墙策略"，即购买与对方业务而不是与自己业务相关的专利，增强自己在专利许可或诉讼中的谈判力量。例如，2006年，TomTom花费2900万美元从另外一家公司购买了一个专利组合。其首席财务官声称，这笔交易的主要目的是为了增强公司与自己的竞争对手进行交叉许可谈判时的谈判力量。如果靠自己研发而不是从专利市场上购买的话，从研发到申请专利以及获得专利授权，需要很长

❶ Ashby H. B. Monk. The Emerging Market for Intellectual Property：Drivers，Restrainers and Implications［EB/OL］. 2009，http：// ssrn. com/abstract＝1092404.

一段时间。而从外部购买则可以很快获得谈判筹码和增强谈判实力。❶

专利蟑螂是近年来兴起的一类特殊的技术购买者。它们的出现使专利购买动机进一步多样化了。它们购买专利的目的并不是为了亲自实施，而是以此作为对其他实施相关专利的企业征收许可费的依据。为了防止相关专利落入专利蟑螂的手中，一些企业组成了像 Allied Security Trust 和 Intellectual Ventures 这样的组织来代理自己购买专利，增强自己被专利蟑螂提起诉讼时的谈判实力。例如，当对方提出自己可能侵权时，如果自己也拥有可能被对方侵权的专利，则更可能通过协调解决，从而避免了高成本的专利诉讼。❷

需要指出的是，通过转让或许可获得使用专利的资格只是企业获得使用资格的途径之一。企业有多种途径获得使用某项技术的资格。Fisher & Gee（2013）认为，那些不拥有专利权的企业可以采用以下策略来使用自己所需要的技术。对专利权人的权利合法性进行挑战、开发出替代性技术并申请专利权、获得专利权人的允许、通过技术扩散尽快培育出更多的人使用相关技术以获得司法判决上的优势（因为法不责众）、与专利权人缓和关系的策略等。他分别考察了采用这几种方式的典型案例。❸ 其中，第三项策略"获得专利权人的允许"就是指通过转让或许可获得使用专利技术的合法权利。

专利交易市场的发展对企业决策产生了深远的影响。一方面，专利交易市场扩大了企业实施策略的空间。假如不存在专利交易市场，企业则无法通过市场交易获得技术，只能通过自我研发来获得技术；同时，如果不存在专利交易市场，企业自己开发的技术也无法向外转让，只能由自己实施。相反，专利交易市场的出现和发现，降低了对企业自我实施新技术的依赖程度。企业可以将技术许可给他人来获利，而不仅仅通过投资于下游资产生产产品来获利。这有利于企业集中有限的资源从事自己擅长的研发活动。当不存在专利交易市场时，一些原本具有开发某种技术能力的企业可能会担心自己无法获得实施技术所需的互补性资源，导致技术被开发出来后无法实施，从而放弃研发。但是，如果存在一个流动性高的专利交易市场，即便无法亲自实施

---

❶ Ashby H. B. Monk. The Emerging Market for Intellectual Property: Drivers, Restrainers and Implications [EB/OL]. 2009, http: // ssrn. com/abstract = 1092404.

❷ 同上注。

❸ William W. Fisher, Felix Oberholzer Gee. Strategic Management of Intellectual Property: An Integrated Approach [J]. California Management Review, 2013, 55 (4): 157–183.

专利，也可通过转让获利，这样企业从事研发活动的顾虑会小一些。❶

另一方面，专利交易市场的发展意味着企业需要进行管理上的调整。企业需要更积极主动地对知识财产进行管理，对外部技术动态进行更主动的监控，在企业组织上进行调整以便支持对外部技术的获取等。企业内部的组织结构可能会限制它对外部技术的评价和利用。研发者们使用自己开发出来的技术时，通常会感到更有成就感。这会让企业更倾向于实施自身研发出来的技术。但是，技术市场的发展会让这样的做法付出代价。通过引进和使用企业其他开发出来的技术，企业能够集中精力更快推出更适合自己的目标市场定位的应用性技术。例如，发展中国家的化学供应商能够一方面借助位于发达国家的企业提供的技术和商业秘密，另一方面集中精力开拓产品市场和获得原材料。技术市场的发展使企业有必要积极监控外部技术市场的发展。这意味着公司自身必须具备一定的内部技术能力，因为更强的内部技术能力通常与更强的利用外部技术机会的能力联系在一起。❷

专利交易市场的发展对产业结构也产生了深远影响。实施专利技术需要依托一些互补性资源，如资金、特定自然资源和市场渠道等。这些资源通常掌握在大企业手中。如果没有专利交易市场，那么只有拥有互补性资源的企业才同时具备开发技术和实施技术的能力。同时具备这两大能力的通常是行业内现有的大企业。这意味着，技术供给者将主要是那些拥有实施技术所需的互补性资产的大企业。专利交易市场的存在使不掌握互补性资源的机构也可从研发活动和出售专利中获利。另外，近些年来，天使资本和风险资本快速增长，获得资金等互补性资源变得相对容易。这使得研发型企业在出售专利时，面对更多的潜在买主和选择余地，从而享有比较大的谈判优势。一些中小企业能够便利地从资本市场上获得资金，这降低了企业获取互补性资源的门槛，为企业的技术开发提供了便利条件。这或许正是风险资本的发展为什么能推动技术创新的原因。专利交易市场和互补性资源市场的发展，既使那些掌握互补性资源的企业容易获得相关技术，也使那些掌握相关技术的企业容易获得互补性资源。这降低了进入相关行业的壁垒，增强了整个经济体系的竞争程度。❸

---

❶ Ashish Arora, Andrea Fosfuri, Alfonso Gambardella. Markets for Technology and Their Implications for Corporate Strategy [J]. Industrial and Corporate Change, 2001, 10 (2)：419-451.

❷ 同上注。

❸ 同上注。

## 6.3 影响专利交易市场流动性的因素

从前文分析中可以感受到，专利交易市场已经是一个客观存在、影响深远的市场。那么，这一市场的发展趋势如何呢？市场规模通常被用来衡量一个市场的发育程度。那么，专利交易市场的规模会达到怎样的水平呢？经济学者们在预测某个市场的发展规模时，有时候采用局部均衡分析方法来进行预测。如果运用这一思路来预测专利交易市场的规模，那么，基本做法则是构建包含专利需求方程、专利供给方程和供求相等方程这 3 个方程的联立方程模型来估计"专利交易市场"的规模。在该模型中，内生变量中包含了专利交易的数量和价格，外生变量则包含了分别影响专利交易市场上的供给和需求的变量。感兴趣的读者不妨进行这方面的尝试。

流动性也通常被用来衡量一个市场的发育程度。流动性是指专利权能够转变为现金的难易程度。专利交易市场的流动性远不如商品市场和金融市场。原因之一是难以确定出一个买卖双方都能接受的估价。通常，专利交易中的买卖双方对价格的预期相差甚远。对专利进行估价，与其说是科学，不如说是艺术。某专利交易所声称接触过几百种对专利估价的方法，每种方法的结果几乎都不相同。❶ 尽管在金融衍生品市场，Black-Scholes 期权定价公式已经成为普遍接受的定价公式，但是，在专利交易市场，至少到目前为止，人类还没有设计出一个能够普遍接受的专利权定价公式。

在缺乏可以普遍接受的专利权定价方法的条件下，专利中介机构是活跃市场的重要因子。专利中介机构包括专利经纪人、专利交易平台、专利运营机构、专利证券化机构、专利投资基金等各类明确声明以专利交易作为部分核心业务的机构。如果没有专利交易市场，这些机构就不会存在。中介机构以专利市场上的供给者和需求者达到一定规模为生存前提，同时，中介机构的出现也会增强专利市场的流动性。美国的专利交易市场发展得最为充分，这可能得益于美国研发活动的庞大规模和严格的专利保护法律环境。在美国，专利交易中介分布在技术创新密集的地区，33%左右的专利交易中介机构位于加利福尼亚，其中大部分位于硅谷。9%的专利交易中介机构位于 PA 州，在数量上排全美第二。专利中介机构的地理分布如此密集的原因可能在于，专利经纪业务需要从业人员具备高度专业化的法律、技术和金融知识，而硅

---

❶ Ashby H. B. Monk. The Emerging Market for Intellectual Property：Drivers，Restrainers and Implications［EB/OL］. 2009，http：// ssrn. com/abstract＝1092404.

谷最具备这样的人才优势。大多数专利交易中介机构是近十几年才发展起来的，许多机构在 1996 年之前并不存在。❶

那么，专利中介机构是如何撮合专利交易的呢？专利中介机构扮演的一个重要角色是帮助买卖双方对价格达成一致的认识。这并不意味着专利中介机构要直接对专利权进行估值，而是将影响专利价值的参数提供给各方，让各方自己进行更准确的评估。这些参数包括：保护的长度、宽度、类型、研发出替代性或绕过性技术的难易程度、市场规模、竞争者个数，等等。由于专利信息在专利交易中扮演着重要作用，因此，出现了一些专门的信息供应商和信息分析商。例如，Derwent 和 Delphion 是两家有名的专利数据供应商，Aurigin 是知识产权管理系统供应商，Chi Research 和 Mogee Research 则是提供信息分析服务的知识产权顾问机构。

从经济学理论上讲，专利交易市场的低流动性与严重的信息不对称问题有关。在专利交易中，拥有专利权的一方通常掌握着关于权利状态的更准确信息；技术需求方往往拥有关于市场前景的更准确信息。双方各自拥有不同的信息优势和劣势，严重的信息不对称会导致无法达成交易。为了撮合交易，专利中介实际上扮演着减少信息不对称的角色。

尽管随着双方共同拥有的信息的增加，对交易价格的分歧会减少，但信息不对称很难被根本解决。可以通过合同设计来减少信息不对称导致的负面后果。例如，在以专利入股时，出资方可能会担心专利技术的市场前景并不广阔，而不愿意给专利权人更多股份。为此，专利权人可在入股合同中引入增强出资方信心的条款，如规定只有在出资方收回其所投入的资本后，专利权人才开始享有专利入股带来的分红。又如，专利权人在以专利入股的同时，以一定的资金入股，表明自己对技术实施的信心。特别是专利权人同时也是管理者时，更应该如此，以减少出资方对专利技术和人力资本这两类要素的双重信息不对称问题。

在美国，专利中介机构扮演的另外一个重要角色是克服买方匿名给交易带来的不便。实践中，一些买方在签订交易合同之前不愿意暴露自己的身份。这或许是担心身份被卖方知道后自身会处于谈判劣势。而卖方则希望知道买方的身份，特别是一些卖方不希望将自己的专利出售给专利蟑螂这样的机构。那么，专利中介机构如何克服买方匿名导致的交易障碍呢？通常的做法是，

---

❶ Ashby H. B. Monk. The Emerging Market for Intellectual Property：Drivers，Restrainers and Implications［EB/OL］. 2009，http：// ssrn. com/abstract = 1092404.

中介机构代理客户出面与卖方进行谈判，向卖方承诺买主的身份符合其要求。❶ 通过克服上述两大交易障碍，专利中介机构发挥着活跃美国专利交易市场的作用。一方面，帮助卖方将其多余的专利转让或许可给其他企业，实现专利货币化；另一方面，帮助买方购买所需专利，甚至构建起专利安全网，以增强企业谈判力量和降低诉讼风险。

Graff & Zilberman（2001）提出建立知识产权清算所，以增强知识产权市场包括专利交易市场的流动性。知识产权清算所的主要功能是，对所有相关的知识产权权利要求进行识别，并标明其覆盖范围；对买者和卖者进行匹配，提供具有标准格式但价格和条款仍可灵活设计的合同；对合同进行监督和实施；对专利信息进行处理以便促进交易，包括让相关数据和资料容易被非专利专业的人士所理解，提供展示整个行业技术特征的分析工具；对专利的保护范围和技术之间的相似度进行直观描绘和阐释的分析工具，提供衡量专利价值的指标或价值区间，等等。❷

份额化交易机构是另外一种促进专利交易市场流动性的组织。专利许可按件数进行收费。购买许可份额的买者既可以将这些份额用于生产，也可以将多余的份额在二手市场上进行转让，甚至还可以将许可份额当成投资品一样进行投资。清算所和份额化交易机构等专业中介机构的出现，将大量买方和卖方集中起来进行交易，同时通过提供相关信息减少交易中的信息不对称，既增强了专利交易市场的竞争性，也提高了流动性。

降低流动性的因素还有技术本身固有的风险。技术本身固有的风险会让购买者在报价上趋于保守。例如，购买者会担心该项技术会被宣告无效。为此，可以从价款中拿出一部分作为保证金，交给保证机构，两年内没有被提出无效诉讼才能进入卖方账户。这可克服买方对权利不稳定的顾虑。

法律和政策也会对专利交易市场的流动性产生影响。例如，一些专利权人对专利许可存在顾虑，是因为合同执行起来比较困难。许可合同中通常会规定依据被许可人的生产数量或销售额支付许可费。然而，专利权人通常很难准确知道被许可人的生产和销售信息，被许可人也会有瞒报的动机。此时，政府可承担起对隐瞒实际生产数量、减少许可费支付的行为进行惩罚的职能。

---

❶ Ashby H. B. Monk. The Emerging Market for Intellectual Property：Drivers，Restrainers and Implications［EB/OL］. 2009，http：// ssrn. com/abstract = 1092404.

❷ Grerory Graff，David Zilberman. An Intellectual Property Clearinghouse for Agricultural Biotechnology［J］. Nature Biotechnology，2001，19（12）：1179-1180.

这将有利于提高专利权人参与专利交易市场的积极性，提高市场流动性。
2008 年，日本修订了专利法。日本对普通许可权的登记制度进行了修改，设
立了专利申请到专利授权期间的许可登记制，还规定被许可人的许可合同不
因专利权人的破产而解除。这些措施也能起到鼓励专利交易、提高市场流动
性的效果。

# 第七章 界定国际专利市场结构的国际专利制度协调

## 7.1 国际专利市场的演变

当一个国家的发明人到另外一个国家申请专利并采取各种方式从中获利时，便产生了国际专利市场。在专利制度诞生之前，便存在国家之间的技术流动。但是，早期的国际技术扩散缓慢。东方的指南针、印刷术等经过漫长岁月才传播到西方。英国专利制度的确立为国际技术扩散提供了激励。英国专利法规定，引进一项在英国本土前所未有的新装置的人可就该技术申请专利。

然而，出于对外国人借助专利垄断市场的担忧，各国对待外国人来本国申请专利的态度大致经历了从拒绝申请、到有条件允许申请、再到给予国民待遇的转变。以美国为例。1790 年专利法规定不授予外国人专利。而且，美国人也不能就外国发明获得专利权，这一点是与英国早期专利法的态度不同的。这样，美国人可以自由实施外国专利，而无需支付专利许可费；相反，若外国发明者能够在美国获得专利保护，使用者就不得不支付这笔费用。

1800 年修订的专利法允许已在美国居住两年以上的外国人获得专利权，但申请人需宣誓，表明所提交的发明在美国或国外是未知且没有被使用过。❶1832 年出台的新专利法案将专利权人扩展到有意成为美国公民的所有外国人，但若在授权日起 1 年内不在美国公开实施其发明，则授予此专利权人的任何专利是无效的。

1836 年，对申请者在公民和居住方面的限制被消除了，取而代之的是歧视性的专利收费。各国公民缴纳的专利费是不一样的。美国公民只需交 30 美元，外国人需交 300 美元，其中英国人则必须交 500 美元。从经济学角度看，当专利权人借助专利保护垄断市场时，生产活动产生的社会总福利既包括生

---

❶ 姜晖. 美国专利法的历史沿革 ［EB/OL］. http：//wenku. baidu. com/view/d897db1cc5da50e2524d7fc1. html.

产者剩余，也包括消费者剩余。其中，生产者剩余主要表现为专利权人的垄断利润，被来自其他国家的专利权人拿走了。对外国人收取额外费用类似于多征收了一部分专利保护税。不过，1861 年之后，专利申请和专利授权对所有国籍的申请者一视同仁。加入《巴黎公约》后，外国人在美国申请专利更加方便了。

图 7.1 描绘了外国人提交的专利申请占美国专利申请比重的历史数据。在今天，外国人申请的专利占美国专利商标局授权的比重超过了 50%，而 1890 年时这一比率还低于 10%。❶ 即便在美国本土，美国亦不是占绝对优势的专利技术供给国。这意味着，国际专利市场已经高度一体化了。

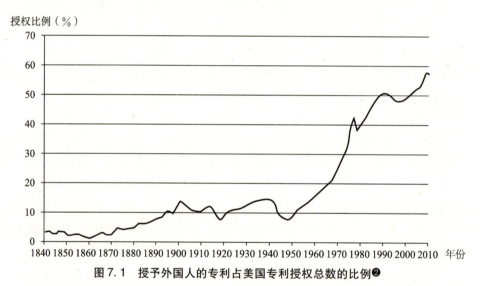

图 7.1　授予外国人的专利占美国专利授权总数的比例❷

（根据 3 年移动平均数计算）

日本专利制度对待外国人的态度也经历了类似的转变。1888 年的日本专利条例不授予外国人专利权，1899 年日本专利法认可外国人也有权申请。不过，一旦外国专利产品进口到本国市场，任何人都无权再获得专利权；最初规定 2 年不实施专利就会造成专利失效，1888 年将不实施专利而造成失效的期限延长为 3 年。❸ 通过这种方式，政府试图推动外国发明人尽早来日本申请

---

❶ B. Zorina Khan, Kenneth L. Sokoloff. The Early Development of Intellectual Property Institutions in the United States [J]. Journal of Economic Perspectives, 2001, 15（3）：233-246.

❷ 同上注。

❸ 土肥. 日本专利法简史 [J]. 国外社会科学文摘, 1987（7）：46.

和实施专利，以便接触到西方的先进技术。这与英国专利制度建立初期对从外国引进但本国没有的新发明授予专利权的出发点是一样的，都体现出政府对引进外国新技术的渴求。Khan（2013）发现，在日本，外国人持有专利的比率比其他国家低。他认为原因在于日本距离其他国家地理位置远，而且外国人很难在日本持有土地等实施专利的互补性资产，实施起专利来并不方便，最终放弃了在日本申请专利。❶

## 7.2　早期的国际专利制度协调

1883 年诞生的保护工业产权的《巴黎公约》是一项减少国际专利市场的交易成本、有利于技术创新和扩散的制度。

在《巴黎公约》诞生前，各国专利制度的设计多种多样。复杂的专利制度使得申请人几乎不可能在多个国家获得专利。除了要求外国专利在一定年限内必须实施外，还要缴纳比本国人更高的费用。那些在本国公开过的技术往往被其他国家拒绝授予专利。美国法律还规定，就同一发明而言，如果在其他国家授予该发明的专利权到期，那么，美国授予的专利权也一同到期。1851 年水晶宫展览会、1873 年维也纳国际展览会和 1878 年巴黎展览会为各国协商如何协调这一领域的问题提供了交流平台。

在 1873 年的维也纳大会上，在法国的推动下，代表 13 个国家的 158 个代表就如何协调各国专利制度进行正式讨论，尽管在制定一个各国都接受的统一专利法上没有达成共识，但仍达成了有利于增强专利保护的 4 个解决方案。前两个解决方案主张了发明人拥有知识产权是其自然权利，围绕这一点确立了一系列原则，包括事前审查和彻底取消要求外国专利实施的条款。第三个方案表达了各国政府对提供专利保护的必要性达成共识；第四个方案设立了一个永久性的委员会来确保能达成一个正式的国际协议。❷

1883 年 3 月 20 日，经过 10 年筹备，11 个国家最终成为《保护工业产权巴黎公约》的第一批成员国。该公约将在 1884 年 7 月 7 日生效。成员国包括比利时、巴西、萨尔瓦多、意大利、法国、荷兰、危地马拉、塞尔维亚、葡萄牙、西班牙和瑞士。英国于 1884 年公约生效前夕加入，美国于 1887 年加

---

❶　B. Zorina Khan, Kenneth L. Sokoloff. The Early Development of Intellectual Property Institutions in the United States [J]. Journal of Economic Perspectives, 2001, 15 (3)：233-246.

❷　Moser Petra, Bilir Kamran, Talis Irina. Do Treaties Encourage Technology Transfer? Evidence from the Paris Convention [EB/OL]. (2011-07-22). http：//ssrn. com/abstract=1893052.

入，德国于 1903 年加入。100 多年后，该公约的主要协议都被《与贸易有关的知识产权协议》所吸收。❶

《巴黎公约》的核心条款是国民待遇、优先权和专利权的独立性。优先权是指就同一发明提出第一份专利申请后，发明人在 6 个月内向其他成员国提出申请时，被视为在第一份申请提出的时间提出申请。这意味着申请人无需向以往那样，同时向所有国家递交申请材料。专利权的独立性意味着就同一发明而言，其专利权在某个国家被宣告无效或到期并不导致在其他国家遭遇相同的待遇。国民待遇原则是指联盟内成员国的国民到其他成员国申请专利时，应享有和该国国民同样的保护，在权利受到侵犯时享有同样的法律救济手段，也遵守和国民相同的条件和手续。❷

美国并未于 1883 年加入《巴黎公约》。这主要是因为美国的发明者们认为美国成为会员没有什么好处。当时，美国的专利法对外国人的态度已经比其他国家公平，而且《巴黎公约》并没有对会员国的最低专利保护水平作出要求。然而，4 年后的 1887 年，美国仍然决定加入《巴黎公约》。这是因为美国的发明家们意识到加入公约主要有两方面的好处。一个好处是美国发明人在其他国家申请专利权更加方便了，在美国申请专利后，在其他国家申请专利时可要求优先权，被视为和在美国同时提出；而且，国民待遇原则使得美国专利权人不用担心那些针对外国人的歧视条款。如法国就曾要求外国人必须在当地使用专利技术进行生产，如果不生产而是从其他国家进口，就会将专利无效掉。美国加入公约也使得其他成员国的居民在美国申请专利时可以享受优先权，这是美国加入公约后对其他成员国发明人专利权保护增强的主要途径。但非成员国的发明人却不能享受这一便利。这导致来自成员国的专利申请更大幅度地增长，而来自非成员国的专利申请则呈现出相对小的增长态势。❸

《巴黎公约》后来又经历了历次修订。1979 年 10 月 2 日修订的《巴黎公约》的内容主要有 6 项。第一项内容是界定工业产权的范围。"对工业产权应作最广义的理解，它不仅应适用于工业和商业本身，而且也应同样适用于农业和采掘业，适用于一切制成品或天然产品"。❹ 它的第二项和第三项对国民

---

❶ Moser Petra, Bilir Kamran, Talis Irina. Do Treaties Encourage Technology Transfer? Evidence from the Paris Convention ［EB/OL］.（2011-07-22）. http：//ssrn. com/abstract＝1893052.

❷ 同上注。

❸ 同上注。

❹ 保护工业产权巴黎公约 ［EB/OL］. http：//www. law-lib. com/law/law_ view. asp? id＝15253.

待遇、优先权和权利独立性作出了规定。第四项主要内容是准许强制许可，主要是为了防止外国专利权人不实施专利，但对强制许可作出了规定。第五项内容是强调专利授予的无条件性、取消或撤销专利的前提、专利宽限期与终止专利和各国恢复专利的自主性等。第六项内容与进口有关："一种产品进口到对该产品的制造方法有专利保护的本联盟国家时，专利权人对该进口产品，应享有按照进口国法律，他对在该国依照专利方法制造的产品所享有的一切权利。"❶1970 年，一些国家在华盛顿另外又组成国际专利合作联盟，签订了《专利合作条约》。❷《专利合作条约》基本上是从申请操作上完善《巴黎公约》，降低申请者成本。

　　一个问题是，是什么原因导致了《巴黎公约》的诞生？根据道格拉斯·诺斯的制度变迁理论，直接推动一项制度出台的是那些能直接受益的社会阶层。从《巴黎公约》中直接受益的社会阶层是那些可能会在其他国家申请和实施专利的人或企业。19 世纪国际人口迁徙、国际贸易、国际投资和科学教育的发展，使这一社会阶层日益壮大。

　　首先看国际贸易。在 19 世纪最后 30 多年，自由贸易在西方国家进一步发展。自由贸易主义者要求在国际经济中减少贸易障碍。欧洲主要工业国之间签订一系列降低关税的商约，主要的双边商约大多数在 1860~1866 年完成，如 1860 年法国和英国、1866 年法国和德意志关税联盟、1865 年普鲁士和英国之间的双边协议。❸

　　对某个国家的专利权人而言，贸易壁垒的降低意味着他更容易通过商品输出在其他国家获利了。以前，由于高贸易壁垒而无法进入的市场现在变得容易进入。但是，如果他不能在其他国家获得专利保护，则会面临竞争者，特别是本地供应商。如果专利权人将商品从一个国家运输到另外一个国家，将承受交通费用和关税等费用，而与其竞争的本地供应商则无需承担这些开支。因此，如果没有专利保护，即便降低了关税，专利权人实质上还是很难通过商品输出在其他国家获利。

　　因此，从理论上讲，贸易壁垒的降低加大了潜在的专利权人从推动其他国家对外国人提供专利保护中获得的潜在收益，也加大了他们推动这一制度出台的力度。

❶　保护工业产权巴黎公约［EB/OL］. http：//www.law-lib.com/law/law_ view.asp？id=15253.
❷　专利合作条约［EB/OL］. www.chinaiprlaw.com/gjty/gjty2.htm.
❸　（意）卡洛·M. 奇波拉. 欧洲经济史（第三卷）［M］. 北京：商务印书馆，1988：275.

国际投资在 19 世纪初开始出现，到 19 世纪晚期已经有很大的发展。❶ 一个国家的公民和企业到另外一个国家去投资，可能出于各种动机，如接近原材料、接近市场等。如前所述，国际贸易壁垒的降低使专利权人向其他国家输出商品更方便了。但是，如果没有专利保护，或者所享受的专利保护到期后，本地企业所生产的替代性产品会享有运输和关税上的优势，从而使专利权人丧失在该国的市场。为了避免这一问题，专利权人不仅推动各国为外国专利申请人提供便利，而且还更多地考虑在其他国家投资和生产。从事跨国投资的专利权人或企业（连同在其本地的合作伙伴们）同样希望自己掌握的新技术在投资国能享受独占权。他们也成为推动对外国人提供便利专利保护制度出台的一股社会力量。❷

19 世纪科学运动和高等教育的发展提高了一些国家的整体人口素质，从而增加了潜在的发明人群体数量。一些掌握良好技能的人希望到其他国家寻找机遇。19 世纪的国际人口迁徙规模明显增加了。在古代，国际人口迁徙通常是部落或者民族的整体迁移行为，如匈奴人游迁到欧洲。但是，到了 19 世纪，国际人口流动更多的是一种个人行为而不是整体行为。个人更多的出于寻找商业机会的目的而迁徙。他们中很多人掌握有新技术，希望到其他国家开辟市场，即便法律也阻挡不住他们中的一些人迁徙他国的步伐。英国一度禁止熟练工匠外迁，但这一法律形同虚设，无法防止技术外流。1825 年，英国废除了这一法律。如果各个国家对外国申请人提供各种便利，那么，这些人会比较容易在一个新的国度站稳脚跟。因此，那些受过良好教育、掌握技能的人也是倾向于推动各国对外国人提供同等专利保护的。

对那些不打算介入国际专利市场的社会阶层而言，《巴黎公约》的签订意味着他们可以更快地享有所有签约国家的新技术带来的便利。因此，《巴黎公约》的签订几乎面临很少的社会阻力。

从后果上看，《巴黎公约》的签订有助于专利权人通过商品输出、跨国投资或移民等方式到其他国家实施技术，以及更早阅读到以本国文字描述的专利文献并从事改良。从而《巴黎公约》是有助于推动技术扩散和激励技术创新的。相反，如果一个国家歧视外国申请人的话，反而会妨碍自己尽早享有先进技术带来的便利。即便这样做能获得一些短期利益，但从长期看也会得不偿失。

---

❶ （意）卡洛·M. 奇波拉. 欧洲经济史（第三卷）［M］. 北京：商务印书馆，1988：260.
❷ 吴欣望. 专利经济学［M］. 北京：社会科学文献出版社，2005：101.

可以结合一个现实生活中的例子来说明优先权是如何影响研发积极性的。1869 年，英国人珀金发明了从天然原料中提取茜素的方法，这是继他发明制造奎宁的方法后在染料技术上的第二个重大进步。但此时的德国正力图在新兴的化学技术和化学工业上占据绝对优势地位。于是在争夺人工茜素提取技术这一具有极大市场前景技术的专利权上，产生了一场竞争。最后，3 个德国化学家以 1 天的优势胜过了珀金。此时，还没有优先权原则。但如果根据后来《巴黎公约》所签订的优先权原则，如果珀金一发明出茜素就在英国提交专利申请，那么，德国化学家将无法申请专利。通常，真正的发明人拥有比其他人先提交专利申请的优势。因此，优先权原则减少了其他人比发明人向其他国家的专利审查部门提交专利的可能性。优先权是一个防止不正当剽窃的机制，有利于维护专利权人的市场被其他人分割。这意味着一项发明诞生后，更容易被发明人或专利权人用来垄断多个签约国的市场了，从而是有利于激励发明活动的。19 世纪晚期主要国家专利申请和授权数经历了大幅度增长。在英国，17 世纪每年仅平均批准三五件专利，到 18 世纪，英国每年平均批准近百件专利，发展到 19 世纪末 20 世纪初，每年平均批准的专利已达 1 万多件。

强制许可条款也影响着技术的创新和扩散。早期，各国自行决定对外国人的专利权进行强制许可。专利申请人们担心一些国家刻意利用这一条款来针对外国人，随意实施外国人的专利。出于对强制实施的担心，一些人可能会放弃在其他国家申请专利的打算。《巴黎公约》对适用强制许可的情形作出规定，有利于技术创新和扩散。

## 7.3　TRIPs 和 TPP 的经济学分析

《巴黎公约》并没有消除各国在专利保护强度上的差异。这一差异后来由TRIPs（《与贸易有关的知识产权协议》）来进行缩小。TRIPs 对符合最低要求的保护水平作出了规定，表现为对专利保护对象、专利保护期限和专利保护方式等作出了最低水平的规定。例如，对药品必须提供产品专利保护而不是方法专利保护；规定了对权利滥用进行平衡的措施，包括强制许可、反垄断和价格管制等措施的适用范围；规定了专利权保护的多边实施机制，包括对违约国的制裁程序等。对比《巴黎公约》和 TRIPs，可以发现国际专利制度演变的轨迹是先解决授权环节然后解决保护环节的协调。具体说来，先是通过《巴黎公约》在申请和授权环节进行了国际协调，如取消对外国人的歧视性条款；然后借助 TRIPs 在保护环节进行协调，如推出最低保护水平和制裁措施。

TRIPs 的产生与 20 世纪 70 年代美国经济面临的新形势有关。20 世纪 70 年代，美国陷入了经济滞胀，这导致美国国际战略发展大转变。里根总统采取了一系列鼓励生产能力提升的措施，众所周知的一项措施是减税。此外，还采取了一些鼓励创新的措施，其中一些措施便涉及专利保护。例如，通过拜杜法案推动财政资金资助的科研成果的实施和转化。此外，还推动其他国家强化知识产权保护，以提高研发活动带来的收益。例如，借助单边的 301 条款对不提供有效知识产权保护的国家进行惩罚，借助 337 条款禁止侵犯美国专利权的产品进入美国。后来于 1994 年推动 WTO 成员方签订 TRIPs 多边协议，在全球范围内推动知识产权保护。

TRIPs 的诞生还与"二战"后发展中国家的兴起有关。尽管《巴黎公约》对成员国作出了上述约定，但是，《巴黎公约》依然强调在不同国家就同一发明取得的专利是相互独立的。从实施机制来看，《巴黎公约》是一个自愿性公约，对于违约行为，缺乏实质性的制裁措施。当时，今天的广大发展中国家和新兴市场几乎都是发达国家的殖民地，而它们的专利制度是与母国的专利制度相一致的。这样，依靠少数几个母国的殖民统治，世界还能维持《巴黎公约》的正常运转。但是，随着这些国家的独立运动兴起，世界上独立国家的数量明显增加，而且，这些发展中国家以赶超发达国家为目标，在技术上搭便车被视为一条捷径。因此，它们的专利制度也体现出与发达国家专利制度不同的特点。如何通过强制性手段来使发展中国家实行与发达国家利益更一致的专利制度，便成为进行新的国际专利协调时要解决的一个重要问题。TRIPs 的出现实质上有助于解决这一问题。在某种程度上，它将专利的国际协调由自愿性变为强制性的，因为要加入世贸组织必须签订 TRIPs，否则，该国只能游离于世贸组织以外，难以充分享受到自由贸易带来的好处。❶

TRIPs 提高了发展中国家的专利保护水平。在加入 TRIPs 之前，发展中国家的顾虑是更强的专利保护会导致专利产品价格过高，从而限制发展中国家的国民享受专利产品带来的好处。Margaret Kyle & Yi Qian（2014）对一些国家加入 TRIPs 前后的药品市场进行了比较。他们发现，受专利保护的药品的销量更高了，同时，产品的溢价更低了。他们猜测，这或许是价格管制、强制许可等限制性措施更积极使用的结果。这意味着，加入 TRIPs 这一行为实

❶ 吴欣望. 专利经济学 [M]. 北京：社会科学文献出版社，2005：105.

际上提高了发展中国家的公众享用新药的程度。❶ 此外,就单个国家而言,专利保护的存在既不是新药上市的充分条件,也非必要条件。即,一国对某种药物分子提供专利保护并不总能阻止药品被仿制,没有专利保护也并不总能阻止创新厂商推出新药。这是因为,是否在某个国家推出新药,取决于市场规模、行业竞争结构等多个因素的综合作用,专利保护只是影响因素之一。❷

在说服发展中国家加入 TRIPs 时,推动者列举的一项理由是,在发展中国家强化专利保护有助于吸引发达国家的研发力量围绕发展中国家的市场需求从事技术开发。那么,是否真能如此呢? Margaret Kyle & Anita McGahan (2009) 研究发现发展中国家和最不发达国家的专利保护并没有导致对这些国家特有疾病的研发投入的增加。但是,专利保护导致了对那些在影响到高收入国家的疾病的研发投入的增加。这使得遭受同样疾病的发展中国家的公民也能享受到好处。❸

TRIPs 并不是强化国际专利保护的终点。近年来,一些国家开始推动双边的或区域性的知识产权合作。《跨太平洋伙伴关系协议》(*Trans-Pacific Part-nership Agreement*, *TPP*) 便是其一。TPP 整合亚洲太平洋经济合作组织 (APEC) 大多数成员,建立一个自由贸易程度更高的贸易区。从一份在网上泄露的 TPP 草案看,美国商界对知识产权保护提出了非常高的要求。这类高水平的保护条款从而被称为 TRIPs-plus 条款。具体表现为将植物和动物专利、针对人和动物的诊断方法、治疗方法、手术方法也纳入专利保护范围;削弱成员国以不满足新颖性或创造性等理由对传统药品的改良药拒绝授予专利权;限制成员国采用授权前异议程序,以免导致对专利授权的延误;对药品管理机关审批环节浪费掉的专利保护期补偿给专利权人。未经专利权人同意成员国药品管理机关不得给仿制药注册(即专利链接制度);禁止平行进口;强化知识产权执法等。❹ 如果这些条款真的生效,那么,意味着成员国居民和企业能在更广泛的领域内获得专利权保护,实质性的专利保护期会延长,侵权行为会得到更大抑制。

---

❶ Margaret Kyle, Yi Qian. Intellectual Property Rights and Access to Innovation: Evidence from TRIPs [EB/OL]. NBER working paper 20799, 2014, http://www.nber.org/papers/w20799.

❷ 同上注。

❸ Margaret Kyle, Anita McGahan. Investments in Pharmaceuticals before and after TRIPs [EB/OL]. NBER working paper 15468, 2009, http://www.nber.org/papers/w15468.

❹ 张磊,徐昕,夏玮.《跨太平洋伙伴关系协议》(TPP) 草案之知识产权规则研究 [J]. WTO 经济导刊, 2013: 85.

此处对其中的禁止平行进口措施稍加说明。平行进口是指非专利权人将专利权人在一个国家出售的商品转卖到另外一个国家、且未得到专利权人允许的行为。同一专利权人在各国的专利权是独立的。那么，其他人是否有权利将专利权人的产品从一个国家输往另外一个国家谋利呢？这种套利行为会限制专利权人通过在不同国家分割垄断市场来获利。用一个简单的数学例子便可证明这一点。

令专利权人生产专利产品的边际成本和平均成本均为零。A 国和 B 国的需求函数为：$Q = a_i - b_i P$，$b_i > 0$，其中，$i$ 的取值分别为 1 和 2。市场分割时，专利权人在其中一个国家的利润函数为：$\pi_i = a_i p_i - b_i p_i^2$，使利润最大化的价格水平为：$p_i = \dfrac{a_i}{2b_i}$，此时，在其中一个国家的最大化利润为：$\pi_i = \dfrac{a_i^2}{4b_i}$。

在两个国家所获得的总利润为：$\pi = \dfrac{a_1^2}{2b_1} + \dfrac{a_2^2}{2b_2}$。

假设允许平行进口，其他人将专利产品从一个国家输往另外一个国家的交易成本为零。且只要两国价格存在差异，就会有人来从事平行进口。由于受到这一约束，专利权人在两个国家制定的价格位于同一水平上。此时，专利权人面临的市场需求函数为：$Q = a_1 + a_2 - (b_1 + b_2)P$。

使利润最大化的价格水平为：$P = \dfrac{a_1 + a_2}{2(b_1 + b_2)}$。

此时，专利权人获得的总利润为：$\pi = \dfrac{(a_1 + a_2)^2}{4(b_1 + b_2)}$。

不难证明，$\dfrac{(a_1 + a_2)^2}{4(b_1 + b_2)} \leqslant \dfrac{a_1^2}{2b_1} + \dfrac{a_2^2}{2b_2}$。

即将禁止平行进口时获得的总利润和允许平行进口时获得的总利润进行比较，允许平行进口时的利润小于或等于禁止平行进口时的利润。且两者相等仅在苛刻的条件下才成立。因此，允许平行进口可以被视为一种削弱专利权强度的措施。

为了维护专利权人的利益，美国整体上禁止平行进口，只允许从加拿大平行进口。从理论上讲，对一个国家而言，禁止平行进口，有利于激励创新者；允许平行进口，有利于消费者享有更低价格的产品。禁止平行进口是否能够提高社会福利，取决于这两种效应的权衡。美国似乎更看重对创新者的激励。而欧盟则在 Merck v. Stephar 案中确立了针对欧盟内部成员国的允许平

行进口原则。❶

## 7.4 专利保护强度与国际专利市场上的盈利方式

本小节简要介绍专利保护强度对国际投资的影响。跨国直接投资、跨国商品输出和跨国技术贸易是拥有专利权的厂商从国外市场获利的 3 种方式。专利权人最终是否选择跨国直接投资，取决于该方式相对于其他两种方式的优劣势。根据 Keith（1998）的分析，当知识产权比较弱时，采用商品输出的方式比较有优势，因为更有利于防止竞争对手接近或掌握专利文献中没有被披露出来的那些生产工艺和流程。随着专利保护的增强，在东道国建立生产企业成为有吸引力的选择，因为可以接近市场，但生产工艺和流程被本地竞争对手掌握的可能性提高了；当专利保护非常有效时，直接进行技术许可或转让便可获得可观收益。

从经验上看，一个国家在采取强化知识产权保护的措施后，外国企业对该国的直接投资并不一定会增加。Keith（1998）指出强化专利保护影响对外投资的内在机制是复杂的，与其他因素的影响交错在一起。❷ 这是因为，影响外商投资的因素还包括一国的税收、投资环境、贸易政策、生产政策和竞争规则等。这些因素和知识产权保护一起影响着外商投资决策。这意味着，在估计知识产权保护强度对外商直接投资的回归估计时，必须将影响外商直接投资的其他重要解释变量作为控制变量。❸ 进行这样的处理之后的实证研究中，有的发现知识产权保护强度对外国直接投资有显著影响，如 Lee & Mansfield（1996）和 Smith（2001）均发现美国企业对某一国的直接投资规模与该国提供的知识产权保护强度有正向关系。❹❺ 相反，Ferrantino（1993）、

---

❶ Mattias Ganslandt, Keith E. Maskus. Parallel Imports and the Pricing of Pharmaceutical Products Evidence from European Union [J]. Journal of Health Economics, 2004, 23: 1035-1057.

❷ Keith E. Maskus. The Role of Intellectual Property Rights in Encouraging Foreign Direct Investment and Technology Transfer [M] //Fink C, Maskus KE. Intellectual property and development, lessons from recent economic research. Washington: World Bank Publications, 54.

❸ 同上注。

❹ Mansfield Lee. Intellectual Property Protection and U. S. Foreign Direct Investment [J]. Review of Economics and Statistics, 1996, 78: 181-186.

❺ Pamela Smith. How do Foreign Patent Rights Affect U. S. Exports, Affiliate Sales and Licenses? [J]. Journal of International Economics, 2001, 55 (2): 411-439.

Maskus & Konan（1994）均没有发现两者之间有显著关系。❶❷

从理论上讲，知识产权保护强度对外商直接投资的影响是双重的。一方面，提高知识产权保护强度可减少本地模仿的可能性，从而增加对外商直接投资的吸引力。例如，知识产权保护很弱时，在跨国公司设在东道国的实验室工作的本地研究人员可能在掌握配方后离职，创办自己的公司。跨国公司会出于对这一情形的顾虑而放弃在东道国投资。另一方面，提高知识产权保护强度诱使外国投资者宁愿采用许可方式来开发知识资产，而不采用对外直接投资。❸

可见，不管是从经验上看还是理论上看，知识产权保护强度对外商直接投资的影响方向都是不确定的。

知识产权保护强度的变化不仅改变外商直接投资的总量，而且还改变外商直接投资的结构。弱知识产权保护引导外国投资将资本投向建设本地经销网络，而不是本地生产。弱知识产权保护还会妨碍外国投资者将资本投向高度依赖知识产权保护的技术密集型行业。❹

---

❶ Ferrantino. The Effect of Intellectual Property Rights on International Trades and Investment ［J］. Weltwirtschaftliches Archiv, 1993. Bd. 129, H. 2, 300-331.

❷ Konan Maskus. Trade-related Intellectual Property Rights：Issues and Exploratory Results ［G］// A. Deardorff, R. Stern. Analytical and Negotiating Issues in the Global Trading System. Ann Arbor, MI：University of Michigan Press, 1994.

❸ Beata Smarzynska Javorcik. The Composition of Foreign Direct Investment and Protection of Intellectual Property Rights：Evidence from Transition Economies ［J］. European Economic Review, 2004, 48 (1)：39-62.

❹ 同上注。

# 第八章 以专利保护强度为中间目标的专利政策体系

## 8.1 专利保护强度的历史演变

专利保护强度（strength of patent protection）一词描述的是一部既定的专利法下专利权人所享有的独占权的大小，或者说，是法律赋予专利权人的市场垄断力量的强弱程度。它直接影响着专利权人从其专利技术垄断中获取收益的大小。

当专利权人就同一项技术在不同国家获得专利权时，所拥有的权利大小通常会存在差异。这源于各国专利制度的差异。跨国公司的管理人员比常人更能直接感受到这一点。在某些国家，对专利侵权人提起诉讼非常不便，惩罚力度小；而在另一些国家，侵权人不仅要支付巨额赔偿，还面临承担刑事责任的风险。在一些国家，专利权人对其专利技术享有更具排他性的独占权力；而在另一些国家，这些权力可以更容易地以强制许可、允许平行进口等方式被其他人合法地分享。拿对软件的保护来说，有的国家仅提供版权保护，有的则提供专利保护。相对前者而言，后者不仅禁止软件作品形式上被人抄袭，而且还禁止形式不同、构思相同的变相抄袭，从而可以赋予权利人更强的保护。甚至在专利保护年限上，各国也不尽相同。Bosworth（1980）、Ferrantino（1993）、Mansfield（1994）、Rapp & Rozek（1990）Ginarte & Park（1997）和 Sunil & Robert（2009）等均对不同国家的专利保护强度进行过量化和比较。

专利保护期限和专利保护宽度是影响专利保护强度的两个基本因素。Nordhaus（1969）研究了最优保护期限，Klemperer（1990）和 Gilbert & Shapiro（1990）等人研究了最优保护宽度的确定。❶❷ 这些模型在确定最优值时所遵

---

❶ W. D. Nordhaus. Invention, Growth, and Welfare: A Theoretical Treatment of Technological Change [M]. Mass: Cambridge, 1969: 112.

❷ P. Klemperer. How Broad should the Scope of Patent Protection Be? [J]. Rand Journal of Economics, 1990, 21 (1): 113–130.

循的基本原则是对期限或宽度调整的边际社会收益与边际社会成本进行权衡。这一原则同样适用于最优专利保护强度的确定。

需要顺便指出的是，专利保护宽度与专利保护强度这两个概念是有差别的。宽度从法律上界定了专利技术的垄断边界，或法定的与其他技术的替代性大小。专利制度主要通过审查、无效诉讼、侵权判决来界定专利技术覆盖的范围。专利保护强度是用专利独占权所带来的利润流量来衡量的。专利制度中影响专利独占权所带来的利润流量的各类因素都会影响到专利保护强度。许多因素都会影响专利独占权带来的利润流量，除了众所周知的保护长度和宽度外，还有强制许可、允许平行进口等。此外反垄断法对专利技术许可行为的限制也会削弱专利保护强度。总之，尽管专利保护宽度的变化会影响到专利保护强度，但专利保护强度受到更多因素的影响。

在英国专利制度早期，授权机构几乎针对每一次专利授权提供不同的专利保护强度。是否应当授予专利的解释权在当局，具有很大随意性，也没有专门机构对不当的授权决定进行矫正。不仅授权环节如此，而且，每项专利权的权利边界也会有所差异。在授权书中，针对每个专利权人的排他权利进行了详细描述。例如，有时会限定只能在英格兰的某些地区享有专利权，有时，会申明某些行业可以免费实施某项专利技术。许多专利授权书中还附带实施条款，即要求一定时间内该技术必须被投入使用，否则专利权会被宣告无效（其逻辑是，既然申请专利时的理由是该专利技术的实施能给国家带来某些方面的好处，因此，授权后就必须实施）。有时还会对使用专利技术生产出来的产品质量提出要求，对价格进行限定。概括起来，早期英国专利制度的特征是，专利权是代表国家利益的王室和发明人之间的交易。专利权人并不天然有资格拥有其专利权，只有在其发明能给公众带来特定利益时，才可能获得授权。而在每一份授权书中对专利保护强度进行界定，是保证带来足够社会利益的一种方式。❶

在二百多年的发展过程中，专利制度演变的一个长期趋势是专利保护强度越来越大。仅从保护期限上看，一百多年来，仅各国专利保护的平均期限就差不多翻了一番。此外，临时禁令、创造性要求、侵权嫌疑方举证、司法专业化、限制平行进口等诸多强化专利独占权的制度一个个地诞生了。

那么，为什么专利保护强度会越来越大呢？笔者认为，这与现代社会的

---

❶ Oren Bracha. The Commodification of Patents 1600-1836: How Patents Became Rights and Why We Should Care [J]. Loyola of Los Angeles Law Review, 2004, 38 (1): 177.

阶层结构出现了大的变化有关。整体而言，在现代社会特别是发达国家，中产阶层的人数比以往增多了。这些人受过一定教育，具备一定的经济独立能力，并对政府决策产生越来越大的影响。这意味着，以往由极少数人高度垄断经济资源和政府决策的局面逐渐式微。专利保护强度的加大，实质上是这种社会结构变化导致的。

如果社会的经济资源由极少数人或企业垄断经营，那么，这些垄断者会发现强化专利保护其实会对自己不利。为什么呢？对已有的垄断者而言，即便没有专利保护，他们也能获得垄断利润。有时候，垄断者也会开发出一些新技术（通常是渐进改良技术而不是革命性的技术），由于能够垄断性地掌握生产经营的各种资源，因此，即便没有专利保护，垄断者也能从新技术中获得垄断利润。而且，这种垄断并不像专利保护那样受到期限的限制。因此，在某种意义上，专利保护对那些已经有能力垄断市场的人或机构而言，是多余的。至于垄断市场的方式，可以是借助私人暴力的垄断、行政垄断或技术保密等。

不仅如此，垄断者甚至会将强化专利保护视为一种威胁。这是因为，如果专利保护强度足够大，那么，可能会吸引一些人从事具有替代性的技术研发。如果这些技术被开发出来并实施，那么，会给垄断者带来竞争压力。当新技术具有非常强大的优势时，原来的行业垄断者甚至会被彻底淘汰掉。当整个社会的行业整体上处于寡占状态时，也存在类似的情形。即便提供较弱的专利保护，处于寡占地位的在位厂商也仍然能够借助已有的市场势力回收自己的投资并赢利。因此，它们对加大专利保护强度并不积极。甚至也担心强化专利保护会吸引新的强势竞争者。❶

而越来越庞大的中产阶层却有着完全不同的利益出发点。中产阶层欢迎专利保护。对处于这一阶层的人来说，专利保护提供了一种潜在的经济机会。说不准哪天他及其亲友也会构思出一项可以申请专利的发明。即便他不从事发明，但专利保护会激励别人努力设计出带给他更大实惠的发明，这也未尝不是好事。何况，只需授予专利权人一定时期的垄断权即可。因此，中产阶层是欢迎专利保护的。

此外，在现代社会，构思出新技术的门槛越来越高了。如果要设计出真正原创意义且符合社会需求的技术，发明人需要积累越来越丰富的知识。如

---

❶ F. M. Scherer. Nordhaus' Theory of Optimal Patent Life: A Geometric Reinterpreation [J]. American Economic Review, 1972, 62 (3): 422-427.

果说从事发明活动需要站在巨人的肩膀上,那么,随着巨人长得越来越高,从事发明活动的人也需要爬得越来越高才行。许多发明不仅需要多人合作,而且还需要投入昂贵的物质设备。在这种背景下,需要加大专利保护强度来让专利权人获得足够的回报。否则,专利制度就不能发挥出激励创新的作用。中产阶层通常靠自身努力工作生存,因此,通常会认同对付出更多努力的发明成果提供更强的专利保护。从历史视角看,19 世纪下半叶以来经历了知识产权保护的强化,同时,这一百多年来世界也经历着全球化深入发展、全球政治更趋民主、反垄断意识蔓延等使经济和政治上的竞争性进一步增强的大事。

从新技术的研发和实施中直接受益的那部分中产阶层比其他人有更强的动力去推动知识产权保护。专利制度的调整是通过立法机构和政府部门来实现的。但是,按照道格拉斯·诺斯的说法,立法机构和政府部门只是第二行动集团。第一行动集团是从法律调整中看到了潜在的利益直接推动立法的利益集团。当一个社会的竞争程度比较高时,大量企业可以进入各个行业。出于竞争需要,企业产生了对新技术的需求,会增加研发支出,开展研发竞赛。这会导致研发受益群体的扩大(即从新技术的研发和实施中直接受益的人群)。他们属于诺斯所说的第一行动集团。而那些付出较大研发投入的企业,则会成为推动增强专利保护的领头羊,因为他们更依赖通过增强保护来收回较大的投资。这与制药行业呼吁提高保护强度的现实是一致的。彼得(Peter,2000)曾建议美国政府改变对中国的知识产权策略。他的建议之一就是,通过鼓励中国境内企业从事研发活动,可以培养起一股推动政府增强知识产权保护的社会力量。这股内生力量会使中国的政府和民众更容易接受强化知识产权保护。他认为,美国过去主要依赖 301 条款通过提高关税、限制进口等措施对中国政府进行威胁,但每次的威胁都以达成谅解结束,不仅收效甚微,还导致了对立情绪。因此,美国应该改变给中国施加外部压力的做法。他的建议就是要帮助中国培养起推动强化保护的内部力量。❶

总之,从大的历史趋势看,专利保护强度越来越大了。这是由于社会阶层结构变化导致的。在现代社会中,中产阶层的壮大导致支持专利保护、认同提高专利保护强度的社会力量占了上风。而那些原本掌握经济资源的垄断者则在新时期的社会博弈中逐渐处于下风。不妨用一个社会存在的进行独立

---

❶ Peter K. Yu. From Pirates to Partners: Protecting Intellectual Property in China in the Twenty First Century [J]. American University Law, 2000, 131: 142-143.

政治决策的个人数量来测量政治上的竞争性。政治上的竞争性通常伴随着经济上的竞争性，即人们能够方便地进入各行业，各行业的竞争相对充分。总之，从历史发展来看，推动专利保护强度提高的动力是社会竞争性的增强。

## 8.2 专利保护强度与经济社会特征之间的互动关系

一个社会的政治和经济上的竞争性的增强会推动专利保护强度的提高，这是一个高度理论的概括。不仅历史大趋势支持这一看法，而且，对当代各国进行横向比较，亦能发现一国经济社会的竞争性与其专利保护强度存在联系的证据。在当代国际社会，社会氛围越有利于充分竞争的国家，保护强度似乎越大。美国是专利保护最强的国家之一，而美国同时拥有对创新激励作出快速反应的高等教育体系、投资多元化和市场导向的科研体系、竞争性强的金融体系和产业体系；近20年来，为应对经济衰退，日本进行了一些增强市场竞争的改革，其专利法也做了一些增强保护的调整。

为了更正式更科学地考察专利保护强度和经济社会特征之间的关系，经济学家们尝试构造指标来测量保护强度，以便对"专利保护强度"这一本来很抽象的概念进行量化。Bosworth (1980) 和 Ferrantino (1993) 用哑变量来衡量专利保护强度，当一国专利法存在某个增强保护力度的特征时，取值为1，否则为0。[1][2] Mansfield (1994) 则通过问卷调查，借助受调查者的经验认识来测量专利保护强度。Rapp & Rozek (1990) 将对描述专利保护强度特征的单个哑变量加总来测量保护强度，Ginarte & Park (1997) 则进一步从5个维度来直接测量一部具体的专利法所提供给权利人的保护强度。每个维度又包括多个指标（见表8.1）。[3][4] 他们计算出了1960~1990年110个国家每隔5年的专利保护强度指数，以便对不同国家或不同时期的专利法所提供的专利保护强度进行比较和分析。

---

❶ D. L.Bosworth. The Transfer of U. S. Technology Abroad [J]. Research Policy, 1980, 9 (4)：378-388 .

❷ M. J. Ferrantino. The Effect of Intellectual Property Rights on International Trade and Investment [J]. Weltwirtschaftliches Archiv, 1993 (Bd. 129, H. 2)：300-331.

❸ Ginarte, Park. Determinants of Patent Rights：A Cross-national Study [J]. Research Policy, 1997, 26 (3)：283-301.

❹ R. T. Rapp, R. P. Rozek. Benefits and Costs of Intellectual Property Protection in Developing Countries [J]. J. World Trade, 1990, 75 (77)：75-102.

表 8.1　专利保护强度指数的计算方法❶

| | | 是 | 否 |
|---|---|---|---|
| 权利覆盖范围 | 药品的可专利性 | 1 | 0 |
| | 化学物质的可专利性 | 1 | 0 |
| | 食品的可专利性 | 1 | 0 |
| | 动植物新品种的可专利性 | 1 | 0 |
| | 外科产品的可专利性 | 1 | 0 |
| | 微生物组织的可专利性 | 1 | 0 |
| | 实用新型的可专利性 | 1 | 0 |
| 加入国际公约组织状况 | 加入《巴黎公约》 | 1 | 0 |
| | 加入《专利合作条约》 | 1 | 0 |
| | 加入新品种保护公约组织 | 1 | 0 |
| 对专利权的限制 | 技术实施要求 | 1 | 0 |
| | 强制许可要求 | 1 | 0 |
| | 专利无效要求 | 1 | 0 |
| 专利保护期 | 从申请日算起大于等于 20 年 | 1 | |
| | 从申请日算起小于 20 年 | $x/20$❷ | |
| | 从授权日算起大于等于 17 年 | 1 | |
| | 从授权日算起小于 17 年 | $x/17$ | |

　　那么，哪些具体的经济社会特征影响着专利保护强度呢？Ginarte & Park（1997）借助自己编制的指数，可以考察保护强度与各种复杂的经济社会因素之间的数量联系。他们利用这一指标揭示了经济收入、政治民主、对外开放、受教育程度、研发水平和政府管制程度对保护强度的影响。该研究被 Lerner（2002）拓展，他考察了政府首脑和立法机构是否被选举、法律体系类型、人口规模等是否分别对强制许可、无效宣告、侵权罚款上限等影响保护强度的具体条款产生影响。他发现，当一个国家市场更开放、公众对立法参与度更

---

❶　Ginarte，Park. Determinants of Patent Rights：A Cross‑national Study［J］. Research Policy，1997，26（3）：283-301.

❷　$x$ 表示某个国家提供的法定专利保护期。例如，当某国专利法提供从申请日起 15 年的保护期时，该国的此项得分为 0.75；当某国提供从授权日起 15 年的保护期时，该国的此项得分为 15/17。

高、研发密度更高时，其专利保护通常也更强。❶ Sunil & Robert（2009）则表明，技术发展水平增强专利保护强度的作用非常微小，而金融资源的可获得性、人力资本和贸易导向可以更好地解释各国专利保护强度的差异。❷ 上述实证研究所发现的对专利保护强度产生正面影响的因素均是一个社会的政治和经济更具竞争性的表现。这进一步支持了经济政治上的竞争性增强会有利于专利保护强度提高的看法。由于作者们不知道从经济政治上的竞争性这一理论视角出发来分析问题，所以这些研究并没有对经验上的发现提供充分的理论解释。

除了实证研究之外，经济学家们还试图从理论上回答"专利保护强度受到了哪些经济社会特征的影响"这一问题。Nordhaus（1969）、Helpman（1993）、Grossman & Lai（2004）等构造的理论模型，从保护期限和保护范围等角度来描述专利制度，为探讨最优专利保护强度提供了思路。需要强调的是，这些模型还分别引入了研发效率、一国技术水平在国际上所处的相对地位、人力资本和市场规模等外生变量，来描述决策者所处的经济社会环境，从而有助于借助比较静态分析方法探讨这些经济社会因素对最优专利制度的影响。

虽然专利保护强度受到了经济社会特征的影响，但是反过来，专利保护强度的变化也会对经济运行产生影响。一些国家在增强专利保护强度时，往往期望能藉此改善经济运行的效率，如提高研发投入、改善国际收支和加快经济增长等。那么，增强专利保护强度是否会对经济运行产生影响呢？笔者曾初步检验专利保护增强对进出口、GDP 等经济指标的影响。结果显示，保护增强对这些指标有显著的正面影响。例如，专利保护强度对出口和进口均有正面影响。原因应该在于，专利保护增强有助于激励创新，增加各国产品和技术的多样性，同时促进分工深化，因此，各国在国际贸易中更容易形成互补状态，从而既能增加出口，也能增加进口。当把样本分为发达国家和发展中国家时，专利保护强度对进口和出口的影响仍然很显著。此外，专利保护强度对 GDP 亦有显著正影响。本书第九章"专利保护强度与宏观经济表现"介绍了更多的国外学者关于专利保护强度与经济增长之间的实证研究思

---

❶ Josh Lerner. 150 Years of Patent Protection [J]. American Economic Review, 2002, 92（2）: 221-225.

❷ Sunil Kanwar, Robert Evenson. On the Strength of Intellectual Property Protection that Nations Provide [J]. Journal of Development Economics, 2009, 90（1）: 50-56.

路与结论，感兴趣的读者可自行阅读。

进一步地，在具有不同经济社会特征的国家，提高专利保护强度的效果很可能存在差异。这也是为什么发展中国家和发达国家在对待 TRIPs 的态度上存在差异的深层次原因。发达国家能够从国际知识产权保护强化中获益，而发展中国家则担心自己获利不多甚至不能获利。Phillip（2005）对 TRIPs 给各国带来的收益进行过估计，发现确实存在比较大的差异。[1] 那么，为什么同样的强化专利保护措施会在不同国家产生不同的影响呢？笔者曾构建以下形式的实证模型来回答这一问题。

$$Y = \alpha + \beta X + \sum_{k=1}^{m} Y_{\kappa} Z_{\kappa} + \sum_{j=1}^{n} \delta_j X Z_j$$

模型中被解释变量 $Y$ 可以是衡量经济表现的指标如 GDP。所关注的解释变量 $X$ 是专利保护强度。此外，还需要引入重要的控制变量 $Z$ 如教育水平、人口规模、科研水平、金融体系、进出口等衡量一国经济社会特征的指标。强化专利保护影响经济运行绩效的内在机制是复杂的，与其他因素的影响交错在一起。为了回答上述问题，可引入解释变量与衡量经济社会特征的控制变量的交叉项。引入交叉项的目的是回答不同的经济社会特征对增强专利保护的"边际效应"。

笔者曾使用面板数据对上述模型进行初步估计。结果表明，专利保护强度与教育发展水平的交叉项仅在以发达国家为样板的回归模型中显著为正。这意味着对发达国家而言，当专利保护强度每提高一个单位时，导致的实际GDP 对数的平均增量中，不仅包含了一个不变的常量，而且还包含了教育这个变量。换句话说，对发达国家而言，当其增强专利保护时，所取得的效果会受到该国教育发展水平高低的影响。通常，在教育发达的国家，科研工作者众多，提高专利保护能对经济产生更积极的影响，因为社会更能对保护强度提高作出积极的反应。当政府管理的是一个教育发达的国家时，正因为强化保护能产生积极效果，所以才更愿意增强保护。

而专利保护强度与人口规模的交叉项对整体样本和发展中国家样本显著。这一结果符合人们的经验。当提高一单位的专利保护强度时，对经济增长的影响随着人口规模增加而增加。这意味着人口规模越大的国家，越有动力提

---

[1] Phillip McCalman. Who enjoys TRIPs abroad? An Empirical Analysis of Intellectual Property Rights in the Uruguay Round [J]. Canadian Journal of Economics, 2005, 38 (2): 574-603.

高专利保护强度，也能从中获得更多回报。

从理论上和经验上讲，竞争性更强的经济体系效率高，从而对专利保护强化能作出更敏感的反应，使社会从中获得更大的收益。这一观点具有一定的现实意义。党的十八届三中全会以来，中国政府加大了强化知识产权保护的力度。从理论上讲，一个保护相对强的知识产权制度比保护弱的制度的社会成本更高。建立一个更迅速、准确和专业的司法执法体系需要更多的公共开支，强保护还会导致消费者为专利权人的新技术付出更高的价格。因此，增强知识产权保护不是没有代价的。只有在增强保护导致的社会收益足以抵消掉这些代价时，强化保护才是可取的。而增强保护带来的收益则体现在，更强的保护会给创造性活动带来更大的激励，导致新技术、新构思的供给有所增加，社会享有的好处则来自这些新技术、新构思的实际应用。但是，在不同的经济社会背景下，强化知识产权保护带来的好处不同。如果一个国家的技术创新主体主要靠政府拨款而不是靠市场生存，如果新技术实施起来受到资金和人才的严重约束，如果产业界对引进新技术的兴趣不高，那么，即便增强了知识产权保护，但经济社会条件的约束会使创新者从其创新活动中获得的回报大打折扣，并导致强化保护激励创新的效应微乎其微。在这种背景下，增强保护给社会带来的好处甚至可能不足以弥补增强保护所引发的各类成本。相反，如果一个国家的创新主体之间竞争充分、产业界和投资界竞相追逐购买新技术、高等教育体系能有效培养大量掌握前沿知识的研究人才和应用人才，那么，知识产权保护从比较弱走向相对强，将有利于吸引更多的人力、物力从事创新，使社会从新技术、新构思的快速应用中获得比较大的好处，这些好处可能足以抵消掉增强保护的成本。近几年来，我国政府在政策导向上采取了减少审批、设立自由贸易区等提高竞争程度的措施，有助于提高强化专利保护带来的社会收益。

## 8.3 决定专利保护强度的政策工具选择

专利保护强度受到专利制度自身各环节的影响。专利侵权判断标准、侵权惩罚力度、保护期限、强制许可、专利无效宣告条款、反垄断法中限制滥用专利权条款、专利行政执法体制、专利司法体制、授权时的创造性要求等均对保护强度产生影响。因此，政府相关部门可以借助对专利制度各环节的调整及运用，使专利保护强度处于有利于经济社会发展的水平。这类似于中央银行通过贴现率、准备金率等工具，对货币供应量这一中间政策目标进行调节，实现促进经济健康运行的最终目的。"专利保护强度"起着类似的中间政策目标的作用，而影响专利保护强度的那些环节则扮演着政策工具的作用。

改革开放以来，中国近几次《专利法》修改周期基本上为 8 年，每次调整时我国政府主管部门均在有意无意之间试图借助《专利法》的调整来改善宏观经济运行绩效，而且，每次调整时专利保护强度均会发生变化。这说明，不仅专利政策已经事实上被作为一种中长期宏观经济调控政策在实施，而且，专利保护强度也已经事实上被作为专利政策的中间目标在行使。

政策工具的行使有两种方式。一种是直接对《专利法》的某些环节进行修订。现实生活中存在大量这样的例子，这为经济学家们提供了大量的潜在研究素材。例如，2005 年印度对药品的专利保护方式从方法专利转变为产品专利。Shubham、Pinelopi & Panle（2006）借助"反事实推理"的方法，估计了这一法律调整可能导致的经济影响。例如，如果在喹诺酮市场上生产 4 个子类药品的印度本土企业都由于专利保护强化而不得不退出市场的话，每年会给印度经济带来 3.05 亿美元的福利损失，这几乎占了 2000 年整个广谱抗生素药品的销售额的一半。在这笔福利损失中，印度本土制造商放弃的利润仅占 5000 万美元，大部分福利损失由消费者承受了。而外国制造商从这一强化专利保护的政策变更中所获得的好处仅仅约为年均 1960 万美元。❶ 这为发达国家在国际范围内强化知识产权保护时要兼顾发展中国家的利益提供了依据。❷

另外一种实施专利政策工具的方式是针对某些个案行使介入权。例如，一些国家面临着某种专利药品价格过高的问题，公众强烈要求降低这一专利药品的价格。政府最直接的办法就是对该药品进行价格管制，禁止药价超过某个水平。此外，政府还有很多方法来降低价格（这些方法有一个共同点，即削弱政府对该药品的专利权提供的保护强度）。一种方式是进行强制许可。各国专利法均规定了强制许可的适用情形。强制许可本质上是通过政府介入

---

❶ Shubham Chaudhuri, Pinelopi K. Goldberg, Panle Jia. Estimating the Effects of Global Patent Protection in Pharmaceuticals: A Case Study of Quinolones in India [EB/OL]. 2006, NBER working papers, http://www.nber.org/papers/w10159.

❷ 与印度不同的是，中国在 1992 年第一次修改《专利法》时，即取消了 1984 年《专利法》中对药品、食品和用化学方法获得的物质不授予专利权的规定，开始对药品提供产品专利保护。因此，1992~2005 年，中国对原创药厂商提供的专利保护强度要高于印度。这一时期，从理论上讲导致中国药价水平高于印度的原因之一可能是中国提供更强的专利保护。然而，2005 年之后，两国保护强度趋同，而中国药品价格水平仍远远高于印度，这说明中国的高药价主要是由专利保护之外的其他经济社会因素造成的。

来降低专利许可费，让更多的生产者进入市场，增强产品市场上的竞争，最终起到降低产品价格的目的。强制许可还可以采取允许第三方平行进口的方式来实施，如在一些非洲国家，允许从其他价格较低的国家平行进口抗艾滋病药。

现实生活中，采用强制许可的例子并不常见。有时候，专利法中的强制许可条款扮演着一种威慑机制。例如，巴西曾以强制许可为威慑，使厂商降低药品价格。这说明强制许可制度本身可以被当成一种威慑机制，专利权厂商为了避免被强制许可，事先就会以相对低的价格供应市场或以相对合理的许可费率将专利技术许可给他人使用。

需要承认的是，现实生活中，针对单个专利权调节其专利保护强度的情形并不多见。更为常见的是政府对法律的调节，这是由于法律具有稳定性。因此，专利政策其实是一种中长期政策。它并不像货币政策那样，可以被频繁地用来调节经济。这是专利政策与货币政策的区别之一。区别之二在于，专利政策工具的选择具有不可逆性。从历史看，专利保护强度的总体趋势是越来越强，因此，保护期限等政策工具似乎只能被延长，而不能被缩短。这与货币政策中法定准备金率可以被上下调整不同。不过，货币政策和专利政策也有类似之处，如作为中间政策目标的货币供应量和专利保护强度在数量上都越来越大。

笔者认为，在未来，经济学家们可以设计出更多的"套餐"让专利权人自己来选择保护强度。这是现代激励理论的一个潜在应用领域。这种思路可以被用来解决专利保护一刀切的问题，即现有专利制度对不同技术提供相同的保护方式，可能会导致对某些技术保护过度，对另一些技术又保护不足。

这一思路在政策实践中的一个应用便是年费制度。年费制度实质上是一个形如"更长保护期+更多维持费，更短保护期+更少维持费"的保护套餐。专利权人根据对技术价值的判断，最终选择适合自己的套餐。这样实际上对价值不同的专利权收取了不同的费用。由于费用也影响到专利权带来的垄断净利润，从而也可以被视为影响了专利保护强度。

类似思路可以被拓展到其他政策工具上。例如，对药品厂商而言，不再规定该授予产品专利还是方法专利，而是设计出一个"产品专利+更短保护期，方法专利+更长保护期"的菜单，让专利权人自己来选择。这意味着，如果专利权人选择前者，那么他可以获得保护范围更宽的专利权，但同时却只能获得更短的保护期；如果选择后者，那么专利权的保护范围更窄，但保护期限也更长。

　　Llobet 等（2000）还提出，法律没有必要规定每份申请书中的权利要求的个数，而是直接按照专利申请书中的权利要求的个数来收费。在笔者看来，其方案实质上是让专利审查部门提供形如"更多的权利要求+更多收费，更少的权利要求+更低收费"的菜单，让专利申请人自行选择。●

## 8.4　解释开放背景下专利保护强度决定的理论模型❷

　　Grossman & Lai（2004）在开放背景下考察了保护期限和保护强度的最优组合。本节对其研究进行介绍。他们假设，经济中有两大不同部门。一类生产某个同质的产品，一类生产一组连续的异质产品。异质产品是由研发部门设计出来的。一旦某个异质产品被设计出来，便受到期限为 $\tilde{\tau}$ 的专利保护。也就是说，一个新产品诞生后的市场生命期为 $\tilde{\tau}$，到期后消费者对它的评价降为零。

　　存在 $M$ 个消费者，每个消费者的效用函数相同。代表性消费者的效用函数为：

$$U(t) = \int_t^{+\infty} u(z) \, e^{-\rho z} \mathrm{d}z \tag{1}$$

　　其中 $u(z)$ 为瞬时效用，假定它为：

$$u(z) = y(z) + \int_0^{n(z)} h[x(i, z)] \mathrm{d}i \tag{2}$$

　　$y(z)$ 是消费者在 $z$ 时点消费的典型的非专利产品数量，$h[x(i, z)]$ 是消费者在 $z$ 时刻对第 $i$ 种专利产品的消费量等于 $x(i, z)$ 时获得的效用。$n(z)$ 是在时点 $z$ 之前发明出来且在 $z$ 时点仍然对消费者有价值的异质产品的数量。同时，假定对所有的 $x$，函数 $h$ 满足：

　　（1）$\dot{h}(x) > 0$；（2）$\ddot{h}(x) < 0$；（3）$\dot{h}(0) = +\infty$；（4）$-x\ddot{h}(x)/\dot{h}(x) < 1$

　　● G. Llobet, H. Hopenhayn, M. Mitchell. Rewarding Sequential Innovators, Patents, Prizes and Buyouts, Federal Reserve Bank of Minneapolis [R]. Research Department Staff Report, 2000, http: //fmw-ww. bc. edu/RePEc/es2000/1650. pdf.

　　❷ G. Grossman, E. Lai. International Protection of Intellectual Property [J]. American Economic Review, 2004, 94 (5): 1635-1653.

第三个条件保证了对于任何既定的价格水平,消费者对专利产品都有一个正的需求。最后一个条件保证,生产专利产品的企业,对专利产品的定价有限。

当消费者购买每一种异质产品时,对所有的 $i$ 和 $z$,选择消费的数量 $x(i, z)$ 满足以下条件:

$$\dot{h}[x(i, z)] = p(i, z)$$

$p(i, z)$ 是 $z$ 时点第 $i$ 个异质产品的价格。当消费者对每种异质产品作出最优购买数量决策后,再将剩下的收入用来购买同质的非专利产品 $y$。式(1)意味着利率为常数 $\rho$,因为根据这两个式子,$t$ 期花费 1 元在同质产品上的钱相当于初期的 $e^{-\rho}$ 元。

假设劳务是生产产品的唯一投入要素。任何企业能够用 $a$ 单位劳务生产一单位的同质非专利产品和异质专利产品。

新产品的设计需要同时投入劳务和人力资本。描述诞生出来的新发明个数的函数形式如下:

$$\varphi(z) = F[H, L_R(z)] = \{b[L_R(z)/a]^{\beta} + (1 - b)H^{\beta}\}^{1/\beta}$$

$H$ 是测量人力资本存量的常数。$a$ 是衡量研发效率的系数,$L_R(z)$ 是投入研发中的劳务。因此,这是一个劳务和人力资本之间的替代弹性不变的生产函数。另外,注意到:

$$\dot{n}(z) = \varphi(z) - \varphi(z - \tilde{\tau})$$

政府提供的专利保护期 $\tau < \tilde{\tau}$。同时,政府还选择专利保护的力度,表示为 $\omega$,该值大于 0 小于 1。不妨假设 $\omega$ 的经济含义为某项专利权在保护期内得到政府完全有效保护的概率。接下来要考察的问题是,在既定的保护期 $\tilde{\tau}$ 和保护力度 $\omega$ 下经济体系的静态均衡和动态均衡。

在均衡状态下,专利权得到完全实施的企业处于垄断地位,假设每个消费者对其产品的反需求函数为 $p(x) = h'(x)$。此时,使厂商利润最大化的价格满足条件:

$$(p - a\omega)/p = -x\ddot{h}(x)/\dot{h}(x)$$

其中，$w$ 是工资率，$x$ 是每位消费者的需求量。上述等式是通用的垄断厂商的定价规则，即价格超过边际成本的部分等于反需求曲线的弹性。将厂商从每个消费者那里获取的垄断利润记为 $\pi$，于是总利润为人口规模 M 乘以从单个人那里获得的利润，即为 $M\pi$。

当专利完全没有得到保护时，竞争者们可以任意模仿该产品。于是，边际产品的售价等于边际成本。此时，竞争性价格等于成本 $aw$，发明者得不到利润。类似地，专利保护到期后，产品价格也降为竞争性价格，直到产品过时退出市场为止。同质产品的价格被设置为计价单位从而被设定为 1，生产成本为 $aw$，由于处于完全竞争市场，从而有 $w = 1/a$。隐含着在该工资水平处劳务供给弹性无穷大。

投入研发中的劳务满足下式：

$$v F_L [H, L_R(z)] = w \qquad (3)$$

上式的直观含义是，投入研发活动中的边际劳务所带来的边际专利权利润等于劳务工资。其中，$v$ 是新专利的价值，等于：

$$v = \omega M\pi(1 - e^{-\rho\tau})/\rho \qquad (4)$$

储蓄是国民收入 $rH + w L_R + n_m M\pi$ 与总支出 $E$ 之差。其中，$r$ 是人力资本的回报，$n_m$ 是持有有效并得到完全实施的专利数量。

研发投入的总成本为 $rH + w L_R$。因此，我们能将宏观经济的均衡条件写为：

$$rH + wL + n_m M\pi - E = rH + w L_R$$

或者：

$$E = n_m M\pi + w(L - L_R)$$

接下来，将时刻 0 到时刻 $t$ 的 1 元现金流量折现后的现值记为 $T$，$T \equiv (1 - e^{-\rho\tau})/\rho$，并将专利保护强度定义为 $\Omega = \omega T$，这意味着式（4）可以被写为 $v = M\pi\Omega$。

在任何时刻，消费者从一种受专利保护的产品中获得的消费者剩余等于 $C_m = h(x_m) - p_m x_m$，而从一种不受专利保护的产品中获得的消费者剩余等于 $C_c = h(x_c) - p_c x_c$。这里 $x_m$ 和 $x_c$ 分别是这两种产品的产量，$p_m$ 和 $p_c$ 分别是它们的价格。消费者剩余为上式的原因：所有专利产品中只有 $\omega$ 比例的专利得到保护，从而其消费者剩余流量的分布特征为：在保护期内为 $C_m$，保护期过后但生命期结束之前为 $C_c$。对另外的 $1 - \omega$ 比例的专利而言，消费者剩余在整个生命期之间都为 $C_c$。$\omega$ 还可以被理解为单个专利产品得到有效保护的概率，这样理解也可以得到上式。

注意到每一种新发明产品产生的总折现消费者剩余为 $C_m\Omega + C_m(\bar{T} - \Omega)$，这里 $\bar{T} = (1 - e^{-\tilde{\rho}\tilde{r}})/\rho$。这样，在 0 时刻，社会福利最大化的目标福利函数 $W(0)$ 满足：

$$\rho W(0) = \rho \Lambda_0 + w(L - L_R) + M\varphi(C_m + \pi) + M\varphi \, C_c(\bar{T} - \Omega) \quad (5)$$

这里 $\Lambda_0$ 是在 0 时刻前发明的产品带来的福利，并注意 $\rho$ 是常数。

注意政府选择适当的专利保护期使得 $W(0)$ 达到最大。在式（5）中专利保护期以 $\Omega$ 的形式出现在表达式中。由于劳务市场的竞争性，工资等于研发的边际产出。即 $M \pi\Omega\varphi'_L = w$。将它代入式（5），有一阶条件：

$$M\varphi(C_c - C_m - \pi) = \{M \varphi'_L [(C_c \bar{T} - (C_c - C_m - \pi) \, \Omega) - w]\} L'_R \quad (6)$$

式（6）的左边是保护期的改变带来的边际成本乘以 $\rho$，右边是边际收益乘以 $\rho$。左边的意义容易理解。我们着重解释右边的意义。

注意一项新发明带来的福利增加分两部分：专利保护期内为 $M C_m\Omega$，在专利保护期过后为 $M C_c(\bar{T} - \Omega)$，因而合计为 $[M C_m\Omega + M C_c(\bar{T} - \Omega)]/\rho$。专利保护期变化带来的新发明增加等于 $(\mathrm{d}\varphi/\mathrm{d}v)(\mathrm{d}v/\mathrm{d}\Omega)$。根据式（3），$\mathrm{d}\varphi/\mathrm{d}v = \gamma\varphi/v$；根据式（4），$\mathrm{d}v/\mathrm{d}\Omega = M\pi$。这里 $\gamma = -\varphi_L^2/(\varphi \varphi_{LL})$。对于 CES 函数，$\gamma = [b/(1-b)(1-\beta)](L_R/aH)^\beta$。对于 CD 函数，$\gamma = b/(1-b)$。这样式（6）等价于：

$$C_c - C_m - \pi = \gamma [C_m + C_c(\bar{T} - \Omega)/\Omega]$$

## 8.5 国际专利保护的博弈

考虑南北两个国家。假定国家 $j$（南或者北）的消费者的瞬时效用为：

$$u_j(z) = y_j(z) + \int_0^{n_S(z) + n_N(z)} h[x_j(i, z)] di$$

其中下标 $S$ 和 $N$ 分别代表南北国家。记 $M_N$ 和 $M_S$ 分别为它们的消费者人数。由于国家 $N$ 比国家 $S$ 更为富裕，所以在此模型中 $M_N > M_S$。在国家 $j$，生产一单位任意产品需要 $a_j$ 单位劳动，因而其工资率 $w_j$ 等于 $1/a_j$。假定 $a_N < a_S$。也即国家 $N$ 比国家 $S$ 的生产更有效率。在国家 $j$ 新产品的发明函数为：

$$\varphi_j(z) = F(H_j, L_{Rj}) = [b(L_{Rj}/a_j)^{\beta} + (1-b)H_j^{\beta}]^{1/\beta}$$

记国家 $j$ 的专利保护期为 $\tau_j$，专利保护的可能性为 $\omega_j$。定义 $T_j = (1 - e^{-\rho\tau_j})/\rho$ 和 $\Omega_j = \omega_j T_j$。

假定两国同时行动，选择自己的专利保护政策。国家 $S$ 的反应曲线为：

$$
\begin{aligned}
&\varphi_S(C_c - C_m - \pi) + \varphi_N(C_c - C_m) \\
&= \frac{\gamma_S \varphi_S + \gamma_N \varphi_N}{v} M_S \pi [C_m \Omega_S + C_c(\overline{T} - \Omega_S)]
\end{aligned}
\tag{7}
$$

国家 $N$ 的反应曲线为：

$$
\begin{aligned}
&\varphi_N(C_c - C_m - \pi) + \varphi_S(C_c - C_m) \\
&= \frac{\gamma_S \varphi_S + \gamma_N \varphi_N}{v} M_N \pi [C_m \Omega_N + C_c(\overline{T} - \Omega_N)]
\end{aligned}
\tag{8}
$$

我们断言 $\gamma_S = \gamma_N = \gamma$。事实上，$\gamma_j = \dfrac{b}{(1-b)(1-\beta)}\left(\dfrac{L_{Rj}}{a_j H_j}\right)^{\beta}$ 以及 $v F_L(H_j, L_{Rj}) = 1/a_j$。后一等式意味着 $vb\left[b + (1-b)\left(\dfrac{L_{Rj}}{a_j H_j}\right)^{-\beta}\right]^{(1-\beta)/\beta} = 1$。这样，$\gamma_S = \gamma_N = \gamma$，这里：

$$\gamma = \frac{b}{1-\beta}\left[(bv)^{-\frac{\beta}{1-\beta}} - b\right]^{-1}$$

并且这两个最优反应函数可以写作，对于 $j = N$ 或 $S$，

$$C_c - C_m - \mu_j \pi = \gamma \frac{M_j \Omega_j}{M_S \Omega_S + M_N \Omega_N}\left(C_m + C_c \frac{\overline{T} - \Omega_j}{\Omega_j}\right)$$

可以得到以下结论：

命题 1：如果 $\beta \leq 0$，那么在任何纳什均衡处，每个国家的专利保护弱于在封闭条件下的专利保护。

命题 2：如果 $M_S < M_N$ 以及 $H_S < H_N$，那么在任何纳什均衡处，$\Omega_S \leq \Omega_N$。并且如果 $\Omega_S < \bar{T}$，那么 $\Omega_S < \Omega_N$。

命题 2 意味着发达国家专利保护强于发展中国家。

命题 3：如果 $(\Omega_S，\Omega_N)$ 是纳什均衡的内部解，$(\Omega_N^*，\Omega_S^*)$ 是一组有效率的专利政策，那么 $M_S \Omega_S + M_N \Omega_N < M_S \Omega_S^* + M_N \Omega_N^*$。

命题 3 意味着从任何一个纳什均衡出发，任意一个有效率的国际专利协议必须至少在一个国家强化专利保护。而且它还意味着协议将强化全球的 R&D 激励，并在两国引起更快的创新。

命题 4：如果 $M_S < M_N$，$H_S < H_N$，以及 $\beta \leq 0$，那么有效的、双方一致的协议要求两国都强化专利保护。不过，发达国家将从中获益，而发展中国家则可能获益，也可能蒙受损失。

# 第九章　专利保护强度与宏观经济表现

## 9.1　专利市场与 GDP 核算

专利市场是专利技术的生产、交易与实施的市场。在现代市场经济国家，从技术研发、申请专利到实施专利技术，均发生在市场交易中。这些市场构成了专利市场。

专利技术的诞生通常源于有组织、有意识的研发活动。在宏观经济学的内生增长模型中，研发活动的产出就是专利技术（Romer，1987，1990）。因此，研发函数也就是专利生产函数。Porter（2000）考察一个社会的专利总量生产函数时，采用了以下公式：

$$\dot{A}_{j,t} = \delta H_A^{\lambda} A_j^{\varphi} A_{-j}^{\psi}$$

$\dot{A}_{j,t}$ 表示该国已有的知识存量，$H_A^{\lambda}$ 表示该国的人力资本存量，$A_j^{\varphi}$ 表示一个国家 $j$ 在 $t$ 期所能生产出来的专利技术的个数，$A_{-j}^{\psi}$ 表示其他国家拥有但本国并不拥有的知识存量。❶

Porter（2000）用数据对上述生产函数进行了估计。他认为，国家之间在研发活动上存在着双重关系。这双重关系可以被概括为溢出效应和门槛效应。溢出效应广为人知，即一国的研发产出增加能提高其他国家的研发产出；门槛效应是指当其他国家生产出来的新知识越来越多时，某个国家要生产出真正"新"的知识的门槛就会越高。这意味着，容易被开拓的知识前沿都被别的国家开辟了，要继续突破的难度更大了。综合起来，其他国家的知识存量对某个国家研发产出的影响，取决于这两种效应的相对大小。当门槛效应超过了溢出效应，其他国家知识存量的增加会对其他国家产生正影响，否则影响为负。Porter（2000）揭示出 $\psi$ 即其他国家拥有的知识存量的指数为负，这说明门槛效应超过溢出效应。他使用不同指标对上述模型进行估计，都支持

---

❶　Michael E. Porter, Scott Stern. Measuring the Ideas Production Function: Evidence from International Patent Output [M]. NBER working paper 7891, 2000.

这一结论，说明结果是稳健的。

一些学者考察了专利对生产率的影响，但发现似乎并没有显著的影响。原因可能是专利的影响是通过劳动力技能和资本设备投入实现的。因此，应该用剔除掉专利影响后的劳务和资本作为解释变量。这样，专利的影响就应该是显著的了。具体做法可以是先用专利数作为解释变量对劳务和资本进行回归。然后，用前面两个回归的残差和专利数作为 3 个解释变量对生产率进行回归。这样做有利于判断专利是否真正对生产率产生影响。感兴趣的读者可以收集数据进行检验。

下面讨论专利技术的研发和实施（即专利市场）对 GDP 的贡献。专利市场对 GDP 的贡献主要体现在以下 3 个方面。

其一，研发部门本身就是一个生产部门，从而研发开支可以直接被算入 GDP。从 GDP 的收入法看，研发人员的收入本身就是 GDP 的一部分。从支出法看，企业的研发投资（包括对人员和对研发设备的投资）构成了总投资需求的一部分。

作为一类生产活动，研发活动和其他普通的生产活动既有差别又有共性。差别表现为，研发活动的社会收益远远大于私人收益，具有比较大的外溢性，因此政府通常会提供资助。此外，研发活动的回报容易受到知识产权保护水平的影响。共性表现为，在市场经济国家，研发成果和其他生产成果一样，最终都要借助市场交易来实现私人价值。研发行业和其他行业一样，行业内每年的新增投资都构成了 GDP 的一部分。

其二，企业实施研发成果所付出的投资构成了 GDP 的一部分。当开发出新技术之后，如果不对其进行实施，那么，对 GDP 的贡献将仅停留在上述研发开支的水平上。当专利技术进入实施阶段时，企业为了实施技术而对配套性资产进行投资，雇用操作性技术人员，进一步地增加社会总需求。新技术的实施能增强整个社会的生产能力，提高宏观经济学家们所说的供给能力。

其三，企业将借助新技术生产出来的产品和服务向市场出售时，也会增加 GDP。产品和服务的出售会增加消费者福利。例如，一项使生产成本降低的技术通常会导致产品或服务的价格下降，或者质量上升，从而使更多消费者购买得起。专利市场贡献的 GDP 小于其带来的社会福利，这是因为 GDP 并不将消费者剩余计算在内。随着产品或服务的顺利出售，企业获得专利权带来的利润，股东获得回报，在采用收入法核算时这些也都被算入 GDP。

对单项专利而言，上述 3 个对 GDP 产生影响的环节先后发生。如果创新本身也具有周期性，那么，人们将会观察到与 GDP 密切关联的若干经济指标的先后增加。这些指标是研发投入、专利数量、固定资产投资、总需求、企业利润，等等。这意味着，专利技术的生产和实施本身会引发周期性的波动。经济体系先经历研发投入的大幅度增加，继而专利申请增加，然后是实施专利引发的投资扩张，接下来是市场上的产品更加物美价廉，刺激来自消费者的总需求，最后是新技术及其企业投资者的利润增加。

当前，中国大力提倡创新，政府投入了大量的研发经费。但同时，大量技术的实施率很低。这意味着中国研发活动对 GDP 的贡献主要体现在第一个环节。如果政府大力鼓励实施专利技术，导致企业为实施新技术进行投资，但其中许多企业的产品或服务却并出售不了的话，那么，对 GDP 的贡献将主要体现在第一个和第二个环节。最后，如果实施新技术生产出来的产品和服务能够被消费者认可和购买，对 GDP 的贡献才能够被充分发挥出来。

## 9.2 专利保护强度与经济增长

宏观经济理论有两个基本议题：经济长期增长趋势和经济波动。自从 Romer（1987，1990）的内生增长模型被提出以来，在内生增长模型中专利扮演的角色是研发产出的表现形式。研发产出分为两大类别："创造性毁灭"型（creative destruction）和产品种类扩张型（product variety expansion）。前者意味着一项发明带来一个新行业；后者意味着一项新发明不会带来新行业，但会降低一个行业内的生产成本或者提高一个行业的生产效率，也就是质量梯子（quality ladder）。

Romer 的模型是关于产品种类扩张的。产品种类增加促进增长的内在逻辑是，在生产函数是凹的假定下，人们在生产中增加新的生产要素肯定能降低边际成本或者提高生产效率，否则不如用原来的最优要素组合；研发能够带来新要素。不过，他的模型假定，被发明出来的新产品是一种公共产品，单个人以"私人提供公共产品"的方式从事研发，研发出来的新产品为社会共享。显然，这一假定与现代社会依靠专利激励创新的做法不一致。后来的学者在建立具有产品扩张型的增长与周期模型时多假定"新产品被授予专利"。当新发明不断出现，新的行业也就不断产生，要素种类也就不断增加，增长也就能持续下去。

创造性毁灭最初源自熊彼特的创新理论。它通常指新发明的技术因为有更高的效率，往往替代既有的技术，导致既有技术的利用减少，甚至消失，因而对既有技术往往具有毁灭性。人类历史上的许多技术因为新技术的诞生而消失了。经济学家在建模时通常假定对于相同价值的资本品，无论何时，因使用新技术而使其生产效率是使用当时既有技术时的效率的固定常数倍。这个常数大于1。由于在相同数量的资本投入下，新技术能带来产出的提高，这样一代又一代新技术不断在既有技术上提高生产效率就可以使产出源源不断地增长，因而无论多长的时期，经济增长有其产生的内在动力。Aghion、Akcigit & Howitt（2013）对此领域的增长模型作了综述。

既然新增长理论关注技术进步在经济增长中的作用，而知识产权制度又是一项影响到技术进步的制度，从而自然也会影响研究经济增长的经济学家们的关注。政策界也对这一议题感兴趣。政策界感兴趣的原因是，在关于TRIPs 的乌拉圭多边贸易谈判中，发展中国家和发达国家就知识产权保护的最低标准设置产生过争议。这些争议背后的核心问题就是，更强的知识产权保护对一个国家的经济增长会产生正面还是负面的影响？

对这一问题的回答是不确定的。尽管人们通常认为，增强专利保护，会激励创新从而有利经济增长，但是，基于多国数据的经验研究却并没有对这一看法提供有力支持。尽管一些经验研究揭示出知识产权保护强度对经济增长有显著正影响，如 Gould & Gruben（1996）和 Kanwar & Evenson（2003）。❶然而，另外一些研究则显示知识产权保护强度对经济增长没有显著影响，如 Thompson & Rushing（1996）。也就是说，经验研究显示，更强的知识产权保护并不一定推动经济增长。Falvey、Foster & Greenaway（2006）甚至发现，尽管知识产权保护增强对高收入国家和低收入国家的经济增长均产生显著影响，但是，对中等收入国家的经济增长影响并不显著。这可能是由于中等收入国家的企业通常具有比较强的模仿能力，而增强知识产权保护限制了中等收入国家企业对先进技术的低成本模仿行为，从而抵消掉了强化知识产权保护激励创新带来的正面效应，甚至导致强化保护在一定时期内使经济增长放缓。

即便是对高收入水平的国家，一味地增强知识产权保护也并不一定会推进经济增长。为什么会这样呢？Falvey、Foster & Greenaway（2006）提供的理论解释如下。经济增长率同时取决于新技术、新知识被创造出来的速度和已有的知识存量。更强的知识产权保护并不总是导致更高水平的创新。这是因为，对创新者提供过多的保护可能会限制新思想的扩散，从而导致过度的垄

---

❶ Kanwar，Evenson. Does Intellectual Property Protection Spur Technological Change ［EB/OL］. 2003，http：//papers. ssrn. com/paper. taf？abstract_ id＝275322.

断。由于缺乏新的进入者，先获得成功的创新者可能会缺少动力进一步地从事后续研发。❶ 由于更强的知识产权保护并不总是导致更高水平的创新，从而也并不总是导致更快的增长。

笔者认为，极度强的专利保护甚至可能会妨碍经济增长。这其中的道理，可以借助一种极端的假想情形来解释。假如专利保护期是无限的，那么，人们今天所使用的绝大多数物品都是由一个或少数几个企业垄断经营的。因此不仅缺少竞争驱动的创新动力，而且导致全社会的物价上涨，生产和生活成本高昂，社会总需求被抑制。这类似于英国于 1624 年通过《垄断条例》之前的情形。在这种情形下，要获得快速的经济增长是困难的。

一些经验研究进一步地揭示出，对具有不同经济特征的国家而言，知识产权强度与经济增长之间的关系可能有所不同。Gould & Gruben （1996）考察了对开放程度不同的国家而言，知识产权保护强度与经济增长之间的关系是否有所不同，特别是在开放程度高的国家强化知识产权保护对经济增长的影响可能会大一些。但并没有获得有力的证据上的支持。❷ Thompson & Rushing （1996）关注的问题是，当一个国家的经济发展已经达到了一定的水平时，增强知识产权保护对经济增长的正面影响可能会更大一些。他用初始人均 GDP 衡量经济发展水平。结果表明，在人均 GDP 为 3400 美元（用 1980 年美元衡量）处，存在一个转折点。对收入处在这一水平之下的国家而言，增强知识产权保护对经济增长没有显著影响；但对收入处在这一水平之上的国家而言，两者之间则存在着显著的正向关系。❸

此外，笔者认为，一个国家的创新体系的效率也影响着知识产权保护与其经济增长之间的关系。对一个特定的国家而言，可以通过多种渠道获取技术，如模仿、免费使用、自主研发、从国外许可等。对处于不同发展阶段或具有不同经济社会特征的国家而言，各条渠道的重要性有所不同。当增强知识产权保护时，随着廉价模仿和免费使用等方式受到限制，国外技术对一个发展中国家的市场垄断趋于强化，此时，发展中国家通常要花更大代价以购买技术、引入外商直接投资和进口贸易等方式获取外国先进技术。不过，如

❶ Falvey, Foster, Greenaway. Intellectual Property Rights and Economic Growth [J]. Review of Development Economics, 2006, 15 (3): 51-61.

❷ Gould, Gruben. The Role of Intellectual Property Rights in Economic Growth [J]. Journal of Development Economics, 1996, 48 (2), 323-350.

❸ Thompson, Rushing. An Empirical Analysis of the Impact of Patent Protection on Economic Growth: an Extension [J]. Journal of Economic Development, 1999, 21 (2): 61-79.

果一个发展中国家的自主研发能力比较强，那么，则可以比较快地开发出替代性技术，来缓冲强化知识产权保护可能带来的不利影响。因此，强化知识产权保护对一国经济增长的影响取决于一国自身的某些经济社会特征。

总之，不管从理论分析还是实证分析的角度看，强化知识产权保护与一个国家的经济增长之间的关系都是不确定的。

## 9.3　专利保护强度与经济周期

与研究知识产权保护强度与经济增长之间关系的文献相比，研究"专利是否对经济波动产生影响"的文献则少得多。目前主流的经济波动文献是实际商业周期理论或者更一般的是动态随机一般均衡模型。它对经济波动的解释是，由于随机的冲击，经济的均衡路径不展现确定性走势，而是随机波动的。换句话说，波动因冲击而产生。因此，主流经济学文献不关注专利如何影响经济波动这一问题。

Matsuyama 于 1999 年在主流经济学期刊 *Econometrica* 发表的论文让专利对增长和周期的影响露出端倪。❶ Matusyama 模型的意义毫无疑问是在内生增长理论框架下发展出内生增长与周期模型。在这个模型中，专利制度动态地激励创新的特征被显示出来。不过，这个模型也有一些不足。从专利制度的角度看，这个模型的专利保护期是固定的，无法揭示专利保护期的变化对增长和经济波动的影响。

笔者最近的一篇工作论文拓展了该文的设定。我们通过模拟表明，如果专利保护期不是最优的，也就是说不能使得稳定均衡路径上的效用在所有不同保护期下稳定均衡路径上的效用最大，那么宏观政策很有可能为了追求短期的快速增长而推动经济波动。采用最优的专利保护期有利于减少因此带来的经济波动。专利保护期的变动不影响趋势增长率。更重要的是，我们的模型提供了一个很好的趋势—周期分解方法，应用该方法很好地解释了美国历史上的经济波动。

研究知识产权保护强度与经济周期之间的关系具有一定的政策意义。2008 年美国金融危机爆发后，仁者见仁，智者见智。传统的货币政策和财政政策再次被派上用场。例如，美国联邦储备局不仅一再下调利率，而且还采用了直接向金融体系注入资金的做法，即所谓的"定量宽松"政策。不少国家都下调了消费税，希望这能刺激起老百姓的消费需求。

---

❶　K. Matsuyama. Growing Through Cycle［J］. Econometrica，1999，67（2）：335-347.

　　不过，一些学者指出，美国金融危机和经济衰退的原因其实在于创新低迷。这意味着，如果传统政策的实施不能重振创新，那么，就没有真正解决衰退问题，甚至可能使问题更严重。如果我们回顾一下这场金融危机爆发的历史背景，就不难理解为什么这两大措施不能从根本上解决问题。2008 年的金融危机可以追溯到 2001 年美国网络经济的破灭。2001 年，网络经济破灭后，美国产业界的创新潮陷入了一个低迷期。面临尾随而来的经济增长的放慢，美联储一再下调利率，美元的供应量迅速膨胀。美元的泛滥，成为近年来国际上出现的一系列宏观经济现象的原因。这些现象包括：全球资产价格的上涨、中美间贸易顺差的扩大等。在美国，次级贷款的规模本来并不大。但是，2001 年之后，由于美元的泛滥，连信用等级很低的人都能够非常容易地从金融机构获得房屋按揭贷款。而且，这种高风险的贷款的规模迅速扩大。这就为次贷危机的爆发准备了前提条件。虽然次贷危机的最终爆发，还与美国对投资银行、基金公司这样的"影子银行体系"和金融衍生工具的监管的滞后有关，但是，2001 年以来的扩张性的货币政策同样负有难以推卸的责任。这一点，连美联储的前主席格林斯潘都承认，甚至公开道歉说："我当时做错了。"既然这场危机本身就是由于扩张性的货币政策引起的，那么，在危机爆发之后，继续采用扩张性的货币政策来预防经济衰退，就如同饮鸩止渴。

　　要真正预防经济衰退，需要从根本上解决问题。既然 2001 年以来的经济增长放慢是由美国产业界创新潮的衰退引起的，那么，要走出经济增长放慢的困境，就需要推动起新的创新潮。美国 2011 年对专利法的修订，在某种程度上，也是奥巴马政府在经济衰退时力图推动创新的措施之一。该法案使关于专利授权的争议能够得到更便捷的解决，缓解了专利商标局将一些在创造性、新颖性上具有争议的专利进行授权所导致的对真正发明人和专利权人的伤害；将先发明制调整为先申请发明人制，有助于阻止恶意延缓专利授权的行为；赋予专利商标局灵活的收费权利，也有助于针对美国产业界的实际情况来策略性地制定收费政策，等等。

　　从直观上看，似乎有这样一种可能性。当经济陷入衰退时，政府需要审视其原因然后采取对策。如果衰退是由于现有的基础性的重大新技术已经得到充分开发，缺少进一步的利用空间引起的，那么，政策上可以向开发重大新技术的研发活动倾斜；如果衰退是由于对现有的基础性的重大技术的改良和推广不足引起的，那么，政策上可以向鼓励改良性技术的研发活动倾斜。进一步地，专利保护强度的大小似乎引导着社会研发资源在原创性发明和改进性发明之前的配置。人们通常认为，专利保护越宽，则从事原创性发明的市场垄断力量越强，人们就更愿意将精力投入原创性发明活动中去；反之，专利保护越窄，从事改进性发明就越不容易构成侵权，人们也就越愿意从事改进性发明。因此，似乎可以引申出这么一个初步的看法，当面临经济衰退时，根据衰退的原因来调整专利保护强度。不过，这是一个理论研究上和政策实践上都颇具挑战的议题。

# 第十章 可作为策略性政策工具行使的专利收费

## 10.1 专利收费的经济影响

专利费可被分为授权前收费和授权后收费。从理论上讲,专利收费水平的高低和收费方式影响着人们申请和持有专利的意愿。或者说,专利收费影响着人们对专利权的需求,正如香烟税和酒税影响着对香烟和酒的需求那样。

尽管理论上专利申请数会受到专利收费政策的影响,如提高收费很可能会降低申请数量,但是,长期以来,人们倾向于忽视专利费用调整的影响。不过,近年来一些研究证实了专利收费确实影响着研发资源配置方式及专利申请等行为。● 1967~1982 年,美国没有调整过专利费。1967 年时,专利费能补偿美国专利商标局 67%的成本;然而,到 1980 年时,通货膨胀降低了专利费的实际价值,专利费仅能补偿 27%的成本。● 80 年代初,美国仍然面临政府赤字,由公共财政承担专利商标局运转受到限制。为了解决专利商标局的经费来源,国会通过了 1982 年专利法修正案。该修正案导致美国的专利申请费增加到 5 倍,从 65 美元上升到 300 美元。同时期的专利代理费约为 440 美元,因此,这次收费调整让整个专利申请成本上升了约 50%。此外,专利维持费也增加了,从第 3.5 年缴纳 400 美元逐渐递增到第 11.5 年缴纳 1200 美元。这次改革后,用途专利申请的总数从 1982 年的116 052件下降到1983年的 96 847件,进而又下降到1984年的109 010件。不过,专利申请数的减少并不意味着研发投入的减少,相反,同一时期产业研发的总金额每年增长 9%,从 1982 年的约 934 亿美元上升到 1105 亿美元(用 2000 年的美元购买力衡量)。这意味着,每份专利申请的平均研发投入上升了。从而,尽管专利申请的数目减少,但单个专利的质量很可能提高了。Rassenfosse(2012)借助双重差分

---

● Gaétan de Rassenfosse. Are Patent Fees Effective at Weeding out Low Quality Patents [EB/OL]. 2012,http://www.webmeets.com/earie/2012/m/viewperson.asp? i=29073.

● 同上注。

回归分析方法（difference-in-differences regressions）考察了这一事件对衡量专利质量的 3 类指标的影响。这 3 类指标分别是专利的被引证次数、专利族的规模和专利维持有效状态的年限。研究结果显示，这场改革确实导致专利质量上升了 5 个百分点。❶ 此外，在现实生活中，维持费的存在通常会使专利权人在专利保护到期之前，就提前放弃专利权。

正是由于专利收费的确影响着人们的研发、专利申请和维持行为，也由于全球专利收费（特别是维持费）近年来又有上升的趋势，因此，专利收费日益成为学术界关注的问题。近年来国际学术界对专利收费的研究通常考察 3 个问题：一是收费对申请、研发、实施等相关行为的影响。二是收费方式的设计，如 David Encaoua、Dominique Guellec & Catalina Martinez（2003）提出按照专利申请书中的权利要求的个数来收费。❷ 三是最优收费水平的确定。❸ 专利收费过高或过低均不可取。过低的收费不仅不足以补偿审查等社会成本，还可能导致专利申请泛滥，如 Ciaran McGinley 担任欧洲专利局的管理者期间曾认为："欧洲专利局于 90 年代的收费政策并不完美，它导致了全球专利申请热。"❹相反，过高的收费同样会导致不好的后果。英国专利制度诞生早期，高昂的专利费就导致一些贫穷的发明人无法获得专利权的保护。在当代，过高的专利收费还可能会抑制产业界从事研发的积极性。2008 年，日本就下调了专利申请费和年费，第 10 年以后的年费下调幅度平均达到 12 %。

## 10.2 授权前收费的历史演变

在专利制度发展早期，专利收费仅包括授权前费用，授权后一般不再收费。授权前收费主要包括申请、审查和授权环节的费用。在专利制度早期，申请专利对普通人来说是一件昂贵的事情。1800 年之前，即便在专利收费水平远远低于同时期其他国家的美国，申请费也要占到人均 GDP 的 0.6%

---

❶ Gaétan de Rassenfosse. Are Patent Fees Effective at Weeding out Low Quality Patents［EB/OL］. 2012，http：//www.webmeets.com/earie/2012/m/viewperson.asp？i=29073.

❷ G. Llobet，H. Hopenhayn，M. Mitchell. Rewarding Sequential Innovators，Patents，Prizes and Buyouts，Federal Reserve Bank of Minneapolis［R］. Research Department Staff Report，2000，http：//fmw-ww.bc.edu/RePEc/es2000/1650.pdf.

❸ Gaétan de Rassenfosse. Are Patent Fees Effective at Weeding out Low Quality Patents［EB/OL］. 2012，http：//www.webmeets.com/earie/2012/m/viewperson.asp？i=29073.

❹ 同上注。

左右。❶

在历史上，授权前费用在不同国家之间的差异很大。例如，英国的专利收费制度非常高昂，在英格兰范围内的专利保护需支付 100 英镑，如果想在爱尔兰和苏格兰获得保护，就要额外再支付 300 英镑，而 1825 年时一个熟练工人的年收入也才 50 英镑。对比之下，美国对专利保护一直采取了低收费的政策。1790 年的第一部专利法将费率确定在 3.70 美元的最低费率，外加复印成本。1793 年，为了减少与欧洲国家在收费水平上的差距，美国专利法将专利费提高到 30 美元（折合为今天约 10 700 美元）。直到 1861 年，费用一直保持在这个水平上。1861 年，费用增加到 35 美元，保护期从 14 年增加到 17 年（不能再延期）。1869 年，美国专利委员会的报告对美国和其他国家的专利收费进行了比较：美国 35 美元，俄国 450 美元，比利时 420 美元，奥地利 350 美元。

授权前收费水平的高低取决于政府对专利授权的目的。美国专利法诞生伊始，就申明其目的是"推动科学和工艺的进步"。到了 19 世纪中期，美国社会已经形成了这样一种社会意识：作出有价值发明的任何人，都可以申请专利保护。而且，在符合授权条件的条件下，都应该获得授权。如果应该获得授权而没有被授权，行政部门应该对此负责，并更正原来的决定。正是在这种理念下，为了充分发挥专利制度对发明活动的激励作用，美国一方面采取了低专利收费政策，另一方面最早建立起专业化的审查队伍。其专利收费主要用于弥补授权引发的审查等成本。❷

相反，一直到 19 世纪中期，英国的专利权都被认为是恩赐给申请人的一种特权。1624 年的《垄断条例》废除了其他类型的市场独占权。之所以允许专利这一独占权存在，是考虑到其有利于社会的一面。因此，专利权人必须证明和说服当局，对自己授予专利权是对社会有益的。而是否接受该理由，完全在于当局，当局有相当大的自由裁决空间。这样，当局授予专利权带有一定的"恩赐"性质，费用除要用于弥补授权成本外，还要给当局带来额外的收入。在这种高收费下，申请专利的通常是预期经济价值比较大的发明。一些申请不起专利的贫穷发明人将发明内容告诉富有的人，获得一部分转让

---

❶ Gaétan de Rassenfosse, Bruno van Pottelsberghe de la Potterie. The Role of Fees in Patent Systems Theory and Evidence ［EB/OL］. 2010, http：//www.cepr.org/pubs/dps/DP7879.

❷ B. Zorina Khan, Kenneth L. Sokoloff. The Early Development of Intellectual Property Institutions in the United States ［J］. Journal of Economic Perspectives, 2001, 15（3）, 233–246.

收入。这是早期的专利申请权交易方式。而在美国，低专利收费使得穷人也能直接申请专利，从而"专利申请权交易市场"几乎不存在。

在当代许多国家，不管是授权前收费还是授权后收费，一个基本功能是要维持专利局的预算平衡。例如，自 1991 年以来，英国专利局必须靠自筹资金运转。1995 年的美国《专利商标局组织法案》也明确专利商标局是一个在资金上自我维持的组织。

在今天，授权前费用还逐渐成为政府用来增强本国企业市场竞争力的一项策略性政策工具。在技术创新能力相对滞后的发展中国家，申请费等授权前费用往往设置得低一些。这样做的主要目的是鼓励本国专利申请。在这些国家，经济价值大的核心技术数量较少，经济价值小的外围技术所占比重较大。通过设置较低的申请费，可以鼓励本国企业从事技术改良，逐渐提高本国产业的创新能力。

相反，在技术创新能力强的发达国家，申请费等授权费用通常设置得偏高。这可以让人们放弃对一些经济价值较小的技术提出申请。一些来自发展中国家的专利申请人会不得不放弃专利申请，使得这些技术可以被发达国家的企业在该国免费使用，以及减少被来自发展国家的专利权人要求交叉许可的风险。例如，20 世纪 80 年代初，大量日本改良性技术登陆美国申请专利保护，让整个专利申请成本上升了约 50% 的美国 1982 年专利法修正案就是在这一背景下通过的。[1] 提高申请费成为里根政府"强专利保护"战略的一部分，以增强美国企业的市场竞争优势。

## 10.3　专利维持费的历史演变

授权后收费主要体现为专利维持费，即在专利保护期内，为了让专利权维持下去，必须缴纳的费用。如果停止缴费的话，专利权将随之终结。从历史发展来看，授权后收费主要有以下几种动机。

第一种动机是为了将授权时的过高费用分摊到以后的各阶段。为了鼓励专利申请，英国 1852 年新出台的专利收费制度要求专利权人最初需支付 25 英镑（相当于当时一个熟练工人半年的工资），3 年后支付 50 英镑的维持费，7 年后缴纳 100 英镑才能获得 14 年的最长保护期限，若不缴纳，则意味着自动放弃；1883 年，专利费继续下调，最初 4 年缴 4 英镑，剩下的 150 英镑以

---

❶　Gaétan de Rassenfosse. Are Patent Fees Effective at Weeding out Low Quality Patents [EB/OL]. 2012, http://www.webmeets.com/earie/2012/m/viewperson.asp? i=29073.

逐年递增的方式缴纳。这种做法有利于人们对未来收入前景不确定的发明申请专利。

第二种动机是通过征收"专利财产税"来鼓励专利权人实施发明。1877年德国专利法下，专利权人必须支付年费来保持权利的持续有效。第一年和第二年都是50马克，此后每年以50马克的幅度增加，到第15年即最后一年时达到700马克。整个保护期内的年费累计可达到5300马克，大约是1913年人均收入的6.5倍。这种收费制度被认为是德国专利质量高且实施率高的一项原因。其逻辑类似于，对一项资产进行维护的成本越高，人们就越有动机充分挖掘这项资产的潜在经济价值，以弥补成本。此外，当时德国法律还规定专利技术必须在授权后3年之内付诸实施，否则被宣告无效。这进一步迫使发明人尽快寻找买主或合作者。Burhop（2010）认为，德国专利制度的上述特征促进了当时专利技术交易市场的繁荣与发展。[1] 到今天，即使一些国家组成了在成员国之间实行统一审查制度的专利联盟，如欧洲专利联盟，但联盟内各国仍然收取不同水平的年费，正如取消关税壁垒后的各国之间的财产税率依然可以有所不同一样。这里充分体现出专利权作为一种财产的属性。

第三种动机是为了淘汰掉低水平的专利申请。2002年6月，美国专利商标局决定大幅度地提高专利收费。2013年3月，专利年费就增长了约50%左右。提高年费的一大理由是，专利申请过多，并不能促进创新，反而会抑制创新。提高年费，可以将专利申请量控制在有利于创新的合理范围内。为什么专利申请多了反而不利于创新呢？这是因为，过多的专利申请会导致"专利棘林"，即某个领域的专利权过度分散在不同主体之间。这种局面下，要从事一项创新活动，可能需要从多个权利人那里获取技术，导致人们实施技术时的协商、侵权等成本过高，从而抑制创新。Heller & Ensenberg（1998）在分析生物技术的创新时，将由于受到要挟而导致厂商间的合作无法达成的情形称为"反公地悲剧"（tragedy of anti-commons）问题。[2] 经济学中的"公地悲剧"是指对公共产权资源的过度利用，如对公共牧场的过度放牧。它是由于没有足够的私人产权而导致的。与此相反，"反公地悲剧"则是由于太多的厂商在某一技术领域内分别享有专利权，厂商之间又难以达成合作，从而导致

---

[1] C. Burhop. The Transfer of Patents in Imperial Germany [J]. The Journal of Economic History, 2010, 70 (4): 921-939.

[2] Heller, Ensenberg. Can Patents Deter Innovation? The Anticommons in Biomedical Research [J]. Science, 1998, 280 (5364): 698-701.

对技术资源的开发不足和浪费。专利蟑螂的兴起也被认为与专利权过多和过于分散有关。这类组织收集大量专利后，并不亲自实施，只是对其他可能涉及侵权的企业提出诉讼，以获得赔偿费或许可费。其活动被认为有妨碍创新之嫌。通过提高专利年费，可以将价值不大的技术淘汰出专利保护范围之外，成为共享技术，减少由此引起的交易或敲诈等各类社会成本。

## 10.4　专利收费的经济学原理

专利维持费具有累进递增的特点。这种累进的特征具有有利于在专利权实施初期少收费、等市场扩大再多收费、鼓励技术实施的优点。此外，吴欣望（2005）指出，与每年收取等额费用的水平制年费相比，累进收费还可以在不降低对专利权人的创新激励的条件下，提前让专利技术被社会共享。也就是说，有助于同时实现鼓励技术创新和推动技术共享这两个通常不能兼顾的政策目标。图 10.1 对累进制年费和水平制年费这两种征收方式下的专利实施行为进行了对比考察。图 10.1 中，横坐标代表发明被授予专利权的时间，纵坐标代表专利的年费或专利每年给专利权人带来的收益。与新产品的生命周期相似，专利产品相继经过诞生期、成长期、成熟期和衰退期，因而专利的收益曲线开始时递增，达到最高收益后便递减。如果年费是固定的，那么年费由一条水平线代表。两线的交点 A 处表明专利权人当年的收益等于所需支付的年费，因而决定了这一专利被保护的实际年限（法律规定的保护年限是固定的，为 20 年；而实际上专利权人可能中途放弃这项权利，从而实际保护年限是由专利权人自由决定的）。这样，专利权人的净收益等于专利的收益曲线与固定年费线所夹区域的面积。但是，如果年费按照累进制收取，则是这样安排的：开始时少收取年费（这里假定不收取），几年以后开始逐年递增，那么，年费曲线是往上倾斜的。同样地，它与收益曲线的交点 $B$ 决定了这一专利被保护的实际年限。而这两条线所夹区域的面积即为专利权人的净收益。如果在两种年费制度下保证专利权人的专利净收益不变，也就是说上述所提到的两个区域的面积相等，那么，累进制年费下专利的实际保护年限 $OB'$ 小于固定年费制下的实际保护年限 $OA'$。其结果是，市场独占的时间变短，专利权垄断给社会带来的福利损失减小，同时，专利权人的收益不仅没有减少反而可能会增加。

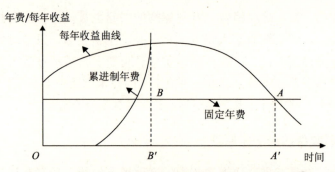

图 10.1　累进制年费维护创新激励与减少垄断的作用❶

对图 10.1 稍加拓展，便具有了政策上的含义。通常，发展中国家的公民发明出来的技术整体上应用性强，可以很快被投入市场，给企业带来收益。但同时，也容易被其他技术替代，从而较早退出市场。从而，发展中国家的专利收益曲线更靠近原点；相反，发达国家的公民发明出来的技术更具基础性，需要一段时间让市场接受，同时可以在较长时期内为企业带来收益。因此，发达国家的专利收益曲线更远离原点。因此，对发展中国家而言，将年费曲线设置得更陡峭一些，或者斜率更大一些，可以在不给本国公民增加额外费用负担甚至减少负担的同时，让发达国家公民持有的专利技术可以让公众更早地免费使用。如图 10.2 所示。

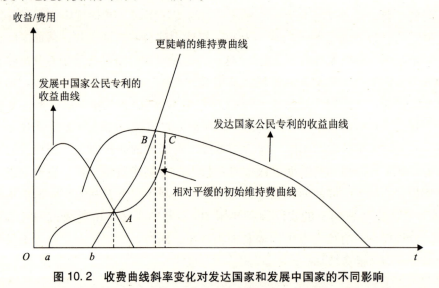

图 10.2　收费曲线斜率变化对发达国家和发展中国家的不同影响

---

❶　引自：吴欣望．专利经济学 ［M］．北京：社会科学文献出版社，2005：10.

　　图 10.2 中，假设某个发展中国家的政府接受来自本国公民和发达国家公民的专利申请。发展中国家公民申请专利的收益曲线更靠近原点，与最初相对平缓的维持费曲线相交于 A 点。发达国家公民专利的收益曲线更远离原点，与初始的年份曲线相交于 C 点。这意味着发展中国家和发达国家的公民分别在 A 点和 C 点所对应的时点放弃专利权。现在，这一发展中国家的政府决定让维持费曲线变得更陡峭，或者说提高维持费曲线的斜率。新的维持费曲线与发展中国家公民专利的收益曲线仍然相交于 A 点，与发达国家公民专利的收益曲线相交于 B 点。在这一新的维持费政策下，发展中国家公民的费用负担减少了，减少的额度可以用两条维持费曲线与横坐标之间的面积来表示。

　　或许，有人会担心，上述方案会损害发达国家专利权人的利益，从而是不公平的。不过，结合上述图形不难发现，完全可以在使维持费曲线变得更陡峭的同时，不减少甚至增加发达国家专利权人的利益。这是因为，当维持费曲线变得更陡峭时，在新旧维持费曲线的交点 A 之前的那些年份里，发达国家专利权人所负担的专利维持费也减少了。尽管在 A 点之后的年份里，发达国家专利权人所负担的专利维持费增加了，但在设计维持费时，可以让增加和减少的额度相等。甚至一些发达国家专利权人还能获得净收益。

　　更陡峭的维持费曲线给发展中国家带来的真正好处是，该政策让发达国家的实际专利保护期从 C 点提前到了 B 点，以至于其技术可以提前被发展中国家的公众共享。而这一好处完全可以在不影响发达国家企业利益的前提下获得！

　　更陡峭的维持费曲线为解决当前我国公众所关注的知识产权过度垄断问题提供了一种新思路。目前，研究反垄断法的学者指出，一些在知识产权上占绝对优势的跨国公司不仅向消费者收取高额价格，而且还通过抑制国内企业的发展来维持其垄断地位。中国反垄断局局长表示，下一步要限制知识产权过度垄断。❶ 然而，在反垄断法的框架内对知识产权过度垄断进行限制，仍然是一个世界性的难题，从理论和实践上都还存在一系列需要解决的问题。否则，会在国际社会上引起很大的争议。然而，借助更陡峭的维持费曲线，可以让发达国家专利权人提前放弃专利，使更多技术更早被发展中国家的公众共享。或者说，提前结束发达国家跨国公司在其领域内的垄断地位，让发展中国家的企业提前进入这些领域从事生产经营。降低这些领域的市场价格，

---

❶ 林远. 执法新目标将是知识产权滥用 [N]. 经济参考报, 2015-03-24.

并让发展中国家的企业更快地成长起来。而且,这完全可以在不触犯发达国家企业利益的前提下进行!从而不会招致异议和来自国际社会的压力。这说明,借助专利政策,可以在一定程度上实现反垄断法要实现的目标,而且操作起来不易引发争端。

总之,"维持费曲线的斜率或陡峭度"可以被政府用来作为政策工具。这意味着,如果发展中国家的政府意识到维持费曲线斜率的上述作用,就会有意识地让本国的专利维持费曲线更陡峭一些。美国的维持费分 3 次收取,分别在第 3.5 年、第 7.5 年和第 11.5 年。为了将其转化为每年征收的维持费,将第 3.5 年支付的维持费平摊到下次征收之前的各年份,算作预先收取了这些年份的维持费。依此类推。然后,根据 2014 年 10 月 1 日 1 美元等于 6.13 元人民币的汇率将其转化为人民币。表 10.1 中第 3 列和第 4 列分别展示了用人民币计价的当前中美专利维持费数据。不难发现,中国当前的维持费确实要比转化为人民币的美元收费标准陡峭许多,例如,中国初年收费为 900 元人民币,末年收费为 8000 元人民币,末年是初年收费的 8.88 倍;美国初年收费为 322 美元,末年收费为 822 美元,末年是初年收费的 2.55 倍。这说明,我国年费方案在一定程度上是符合我国作为一个发展中国家的实际情况的。在此基础上,分别用中美两国的维持费除以两国授权前收取的费用,则得到了各自的维持费与授权前费用的比重,如表 10.1 中第 5 列和第 6 列所示。根据这些数据绘出图 10.3。图 10.3 也显示出中国的相对维持费上升的幅度更大。

表 10.1　中美两国专利维持费和申请费数据

| 年份 | 美国专利费（美元） | 年均化的美国维持费 | 中国专利收费（元） | 美国专利收费结构 | 中国专利收费结构 |
|---|---|---|---|---|---|
| 授权前 | 2050 | | 3400 | | |
| 1 | | | 900 | 0 | 0.264706 |
| 2 | | | 900 | 0 | 0.264706 |
| 3 | 1600 | 320 | 900 | 0.156098 | 0.264706 |
| 4 | | 320 | 1200 | 0.156098 | 0.352941 |
| 5 | | 320 | 1200 | 0.156098 | 0.352941 |
| 6 | | 320 | 1200 | 0.156098 | 0.352941 |
| 7 | | 320 | 2000 | 0.156098 | 0.588235 |

续表

| 年份 | 美国专利费<br>（美元） | 年均化的<br>美国维持费 | 中国专利收费<br>（元） | 美国专利<br>收费结构 | 中国专利<br>收费结构 |
|---|---|---|---|---|---|
| 8 | 3600 | 900 | 2000 | 0.439024 | 0.588235 |
| 9 | | 900 | 2000 | 0.439024 | 0.588235 |
| 10 | | 900 | 4000 | 0.439024 | 1.176471 |
| 11 | | 900 | 4000 | 0.439024 | 1.176471 |
| 12 | 7400 | 822.2222 | 4000 | 0.401084 | 1.176471 |
| 13 | | 822.2222 | 6000 | 0.401084 | 1.764706 |
| 14 | | 822.2222 | 6000 | 0.401084 | 1.764706 |
| 15 | | 822.2222 | 6000 | 0.401084 | 1.764706 |
| 16 | | 822.2222 | 8000 | 0.401084 | 2.352941 |
| 17 | | 822.2222 | 8000 | 0.401084 | 2.352941 |
| 18 | | 822.2222 | 8000 | 0.401084 | 2.352941 |
| 19 | | 822.2222 | 8000 | 0.401084 | 2.352941 |
| 20 | | 822.2222 | 8000 | 0.401084 | 2.352941 |

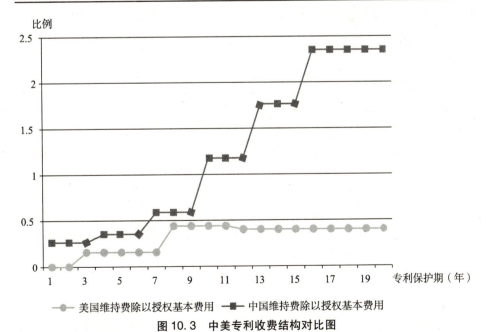

图 10.3 中美专利收费结构对比图

各国专利维持费结构上的差异已经被 Rassenfosse & Potterie（2010）注意到。他们构造了一个坐标系，横坐标为第 5 年到第 20 年的年均维持费除以头 4 年的年均维持费，纵坐标为第 11 年到第 20 年的年均维持费除以第 5 年到第 10 年的年均维持费。坐标系中的散点代表不同的国家的取值。❶ 这些散点并不集中，这说明各国在年费分布上存在显著差异。但国际学术界对为什么会存在这些差异并没有给出很好的解释。前文的分析实际上提供了这样一种解释或假说：不同的年费曲线斜率或收费政策实际上受到了东道国公民和外国申请人的专利技术的收益曲线的影响。对这一假说进行充分论证，需要收集多个国家的样本进行检验，这需要收集大量数据，特别是要整理专利收费结构性特征的数据，工作量较大，留给感兴趣的读者自己尝试。

## 10.5 专利收费原理在实际政策制定中的应用

从上文的分析可以看出，核心技术越少或外围技术越多的国家，专利维持费曲线倾向于陡峭，这样既有利于降低持有较高比重外围技术的本国企业的专利维持成本，又有利于跨国公司掌握的技术提前为公众共享，加快发展中国家企业的成长；相反，核心技术越多或外围技术越少的国家，专利维持费曲线倾向于相对平缓，这样有助于增强持有较多核心技术的本国企业在市场竞争中的优势。授权前费用也有类似的作用。为了增强本国企业在市场竞争中的优势，拥有较多核心技术的国家，倾向于设置较高的授权前费用；核心技术较少的国家，倾向于设置较低的授权前费用。

基于上述理论分析，中国专利制度调整的方向体现在以下两大方面。

一方面，提高专利申请费等授权前费用。与维持费相比，我国专利授权前费用偏低。如我国一项发明专利的授权前费用为3400元人民币（900 元申请费加上2500元审查费），美国一项发明专利的授权前费用为2050美元（亦为申请费与审查费之和）。美国各年年费的简单总和为12 600美元，为授权前费用的 6.17 倍。中国年费的简单总和为82 300元，为授权前费用的 24.21 倍。可见，与年费相比，我国授权前费用远远偏低。低的授权前费用，虽然鼓励了过去一些年我国企业、个人和科研机构的专利申请，但也造成了申请量快速增长，继而导致审查队伍不得不持续扩大、低质量专利数量居高不下等问题。各地对专利申请费的补贴和奖励政策进一步提高了社会的专利申请倾向，使

---

❶ Gaétan de Rassenfosse, Bruno van Pottelsberghe de la Potterie. The Role of Fees in Patent Systems Theory and Evidence ［EB/OL］. 2010, http：//www.cepr.org/pubs/dps/DP7879.

审查压力大、专利质量低等问题更为严重。随着我国企业、个人和科研机构的专利申请意识的提高，没有必要再收取过低的专利授权前费用了。可以适当调高申请费、审查费等授权前费用或减少补贴力度，以减轻审查压力、提高专利质量。

另一方面，我国可以进一步提高专利维持费曲线的陡峭度。这可以通过减少专利保护期早期的年费水平、增加专利保护期后期的年费水平来实现。表10.2给出了一个例子，来说明调整年费的思路。在"虚构的中国收费方案"一栏，给出了虚构的新方案。第一年到第十年的专利年费都下调了，第十一年、第十二年的年费水平不变，第十三年到第二十年的年费则大幅度上调了。

表 10.2　中美专利维持费收费方案（2013 年）

| 年份 | 中国维持费<br>（元） | 虚构的中国收费方案<br>（元） | 转化成人民币的美元收费标准 |
|---|---|---|---|
| 1 | 900 | 800 | |
| 2 | 900 | 800 | |
| 3 | 900 | 800 | 2240 |
| 4 | 1200 | 1100 | 2240 |
| 5 | 1200 | 1100 | 2240 |
| 6 | 1200 | 1100 | 2240 |
| 7 | 2000 | 1600 | 2240 |
| 8 | 2000 | 1600 | 6300 |
| 9 | 2000 | 1600 | 6300 |
| 10 | 4000 | 3500 | 6300 |
| 11 | 4000 | 4000 | 6300 |
| 12 | 4000 | 4000 | 5755.555 |
| 13 | 6000 | 6500 | 5755.555 |
| 14 | 6000 | 6500 | 5755.555 |
| 15 | 6000 | 10000 | 5755.555 |
| 16 | 8000 | 10000 | 5755.555 |
| 17 | 8000 | 14000 | 5755.555 |

| 年份 | 中国维持费（元） | 虚构的中国收费方案（元） | 转化成人民币的美元收费标准 |
|---|---|---|---|
| 18 | 8000 | 14000 | 5755.555 |
| 19 | 8000 | 14000 | 5755.555 |
| 20 | 8000 | 14000 | 5755.555 |

图 10.4 绘出了这套虚构的年费方案。可以看到，曲线"虚构的中国维持费方案"比原来的维持费方案更陡峭。根据上文的理论分析，这有利于我国减轻我国企业在专利申请前十年内的年费负担，而后八年增加的年费则主要由持有大量核心专利的跨国企业来负担，促使一些跨国公司提前放弃缴纳年费，使一些核心技术能提前被我国企业共享。最终增强我国企业在市场竞争中的优势。

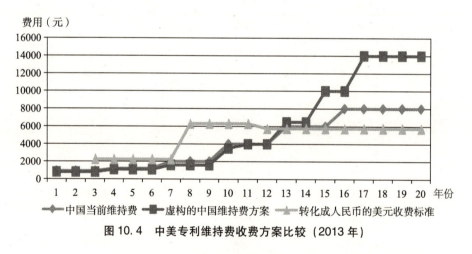

图 10.4 中美专利维持费收费方案比较（2013 年）

进一步地，可以根据这一虚构的维持费方案，来确定授权前费用。在虚构的维持费方案下，各年年费的简单总和为111 000元。若也像美国一样，让年费总和为授权前费用的 6.17 倍，则我国授权前费用可以提高到17 990元。这样，不仅可以提高专利申请的质量以及使我国企业处在更有利的竞争地位，还可以提高专利行政部门收取的那部分财政收入。需要说明的是，这里仅是虚构了一个收费方案来说明调整的思路，在制定具体的收费方案时，还应当征求产业界、服务中介的意见。

总而言之，随着通货膨胀和物价水平的持续上升，上调各类专利收费是不可避免的。而本文强调的是，在上调整体收费水平的同时，更需要调整专利收费的结构，使我国创新主体处在更有利的竞争状态。

上述分析充分揭示，专利收费可以被各国政府作为策略性政策工具行使，以增强本国企业在国际竞争中的优势。从世界范围来看，专利收费实际上正在演变成各国国家专利战略的一部分。伦敦政治经济学院的经济学家 Shankerman 以研究专利经济学著称。2008 年，他曾指出政府将专利收费作为策略性经济政策的可能性。[1] 这种可能性正成为现实。Leahy-Smith 美国发明法案于 2011 年在美国参议院通过后由奥巴马签署生效。该法案除了从"先发明制"转向"先申请的发明人制"和拓展授权后异议处理程序外，还授予美国专利商标局更灵活的调整专利收费的空间。[2] 那么，美国专利商标局制定专利收费政策背后的依据或原理是什么呢？只有弄清楚美国制定专利收费的原理，才有可能在借鉴对方的基础上超越对方，才有助于我国专利行政管理部门在借鉴对方的基础上结合中国自身国情制定科学的专利收费政策。然而，综观国内外文献，并没有对美国专利收费政策背后的道理给出明确阐释的文献。Shankerman 也只是觉得专利收费可以被作为各国的策略性政策工具使用，至于如何使用则并没有论述。本章的分析则给出了对专利收费进行调整的一个经济学原理，并结合中国实际进行了应用性演示。

总之，专利收费会对专利申请、维持和研发行为产生影响，从而可以被政府作为策略性政策工具行使。从创新市场的角度看，专利收费是人们进入专利市场所需支付的费用，它影响着人们进入专利市场的意愿。维持费的存在会使一些专利权人在专利到期前就退出专利市场。政府可以通过策略性地调整专利收费方案，提高外国企业进入本国专利市场所需支付的成本，增强本国企业的竞争优势。

## 10.6　专利维持费在测量专利权价值中的应用

专利维持费不仅可被政府作为策略性政策工具行使，而且，还可以成为测量专利权价值的一个尺度。通常，经济价值越大的专利技术，人们越愿意为其支付维持费，实际受保护年限也就越长。因此，可以根据专利权人缴纳

[1]　Jeremy Phillips. Strategies to Improve Patenting and Enforcement [EB/OL]. IPKat, 29 May 2008, http://ipkitten.blogspot.com/2009/05/stratetties-to-improve-patenting-and.html.

[2]　Gaétan de Rassenfosse. Are Patent Fees Effective at Weeding out Low Quality Patents [EB/OL]. 2012, http://www.webmeets.com/earie/2012/m/viewperson.asp?i=29073.

的年费对专利权的价值作一些推断。Schankerman & Pakes（1986）设计了一套统计方法，来估计和比较德国、法国和英国的专利私人价值。"私人价值"指的是专利保护给专利权人带来的收益，而不是给整个社会带来的收益。[1]

每个专利申请的每期回报用 $R_{tj}$ 表示。这里，$j$ 表示申请专利的年份，$t$ 表示专利的年龄，如自申请日起第一年、第二年等。该值由初始回报 $R_{0j}$ 和每年的衰减速度 $\delta_{tj}$ 决定。

这里，$\delta_{tj}$ 的涵义是每年消逝掉的价值。所以，$R_{tj} = R_{0j} \prod_{\tau=1}^{t} d_{\tau j}$，其中 $d_{\tau j} = 1 - \delta_{tj}$。

专利权人每年必须支付年费 $C_{tj}$ 来让专利权维持有效状态。这一费用每年都增加。专利所有权人力图使专利保护带来的预期回报的现值最大化。只有在当年回报大于当前的年费时，即 $R_{0j} \prod_{\tau=1}^{t} d_{\tau j} \geq C_{tj}$，或 $R_{0j} \geq C_{tj} \prod_{\tau=1}^{t} d_{\tau j}^{-1}$ 时，专利权人才会缴纳年费。如图 10.5 所示，在回报曲线和年费曲线的交点的左边，增加一年保护带来的收益超过当年年费，专利权人缴纳年费能够获得额外收益；在交点的右边，每年的收益还不足以弥补年费成本，因此，没有必要缴纳年费。实际保护期限由两条曲线的交点决定。

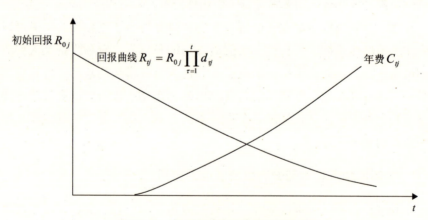

**图 10.5　专利的回报曲线和年费曲线**

现在，假定专利权的初始回报服从密度函数为 $f(R_{0j}, \theta_j)$ 的随机分布。那么，设在 $t$ 年继续缴纳年费的专利权所占比重为 $P_{tj}$，则：

❶　M. Schankerman，A. Pakes. Estimates of the Value of Patent Rights in European Countries during the Post-1950 Period［J］. Economic Journal，1986，96（384）：1052-1076.

$$P_{tj} = \int_{z_{tj}}^{\infty} f(R_{0j}, \theta_j)\,\mathrm{d}R_{0j} = 1 - F(z_{tj}, \theta_j) \tag{1}$$

其中 $z_{tj} = c_{tj} \prod_{\tau=1}^{t} d_{\tau j}^{-1}$，$F(R_{0j}, \theta_j)$ 为初始专利权的分布函数。

假设初始回报 $R_{0j}$ 服从对数正态分布。则其对数服从正态分布，记为 $r_{0j} \sim$

$N(u_j, \sigma_j)$。对 $R_{0j} \geqslant C_{tj} \prod_{\tau=1}^{t} d_{\tau j}^{-1}$ 两边取对数可得继续缴纳年费的条件等价于：

$$r_{0j} \geqslant c_{tj} - \sum_{\tau=1}^{t} \ln d_{\tau j} \tag{2}$$

将左边的值转化为标准正态分布如下：

$$\frac{r_{0j} - u_j}{\sigma_j} \geqslant \frac{c_{tj} - \mu_j - \sum_{\tau=1}^{t} \ln d_{\tau j}}{\sigma_j} \tag{3}$$

放弃缴纳年费的比例 $1 - P_{tj}$ 可用下式表示：

$$1 - P_{tj} = \phi \left[ \frac{c_{tj} - \mu_j - \sum_{\tau=1}^{t} \ln d_{\tau j}}{\sigma_j} \right] \tag{4}$$

由于放弃缴纳年费的比例是可以观测到的，因此，可根据上式求弃权比例所对应的正态分布函数的临界值 $y_{tj}$，其值为：

$$y_{tj} \equiv \phi^{-1}(1 - P_{tj}) = -\frac{\mu_j}{\sigma_j} + \frac{1}{\sigma_j} c_{tj} - \frac{\sum_{\tau=1}^{t} \ln d_{\tau j}}{\sigma_j} \tag{5}$$

进一步，假设 $d_{tj}$ 的值由下式决定：

$$d_{tj} \equiv (1 - \delta_{tj}) = (1 - \delta)\exp\{\beta_0 g_{t+j} + \beta_1 D_1 + \beta_2 D_2\} \tag{6}$$

其中，$g_{t+j}$ 为观测值所在年度的 GDP 增长率。$D_1$ 和 $D_2$ 分别为代表 20 世纪 60 年代和 70 年代的哑变量。将式（6）代入式（5），并引入随机干扰项，可得下式：

$$y_{tj} = -\frac{\mu_j}{\sigma} + \frac{1}{\sigma}c_{tj} - \frac{\ln(1-\delta)}{\sigma}t - \frac{\beta_0}{\sigma}\sum_{\tau=1}^{t}g_{\tau+j} - \frac{\beta_1}{\sigma}\sum_{\tau=1}^{t}D_1 - \frac{\beta_2}{\sigma}\sum_{\tau=1}^{t}D_2 + \varepsilon_{tj}$$

$$(7)$$

Schankerman & Pakes（1986）对该式中的参数进行了估计。其结果揭示了一些有趣的事实，包括：德国专利权的初始价值的均值要高于英国，英国又高于法国；专利的数量与质量呈反向变动关系，20世纪60年代中后期申请数量下降伴随着质量上升，导致整体专利价值提高。Schankerman & Pakes（1986）这套估计专利私人价值的方法为人们评价科技产出的经济价值提供了思路，后来被一些学者借鉴。

# 第十一章 政府资助科研成果专利权的经济学分析

## 11.1 政府资助科研成果专利权属的演变

政府资助科研活动是当代政府的职能之一。"二战"后，美国政府加大了对基础研究的资助力度。尽管美国政府声称主要资助基础研究，然而，一些科研成果不仅具有实用性，而且还具备申请专利权的条件。如果不授予这些发明专利权，而是让它们可以被任何人免费使用，似乎并不妥当。毕竟，这些成果受到了美国纳税人的资助。如果处于完全公共产品的状态，世界上任何国家的居民和企业都可以自由使用，似乎并不能充分体现美国选民的利益。于是，美国研究公司（Research Corporation）成立了。该公司代表政府拥有联邦政府资助的科研成果的专利权。发明人对政府资助的科研成果提出专利申请并获授权后，必须将专利权转让给该机构来统一管理。任何人要实施这些专利权，需经过该公司授权。在这种集中型管理体制下，很多专利被束之高阁。到1980年，在联邦政府拥有的近2.8万项专利技术中，被商业化的不到5%。❶

到了20世纪80年代初期，这一体制最终被拜杜法案替代。拜杜法案的具体内容是，政府资助科研成果的专利权归大学所有；大学有推广专利技术的义务；大学与发明者签订专利权权属协议。大学等科研机构将从专利权经营中获得收益作为研发经费的一部分，支持大学的科研活动。同时，政府保留介入权。由于美国专利法只将专利权授予发明人，因此，接受联邦政府资助的发明人所处的科研机构还需通过事先签订契约以获取专利权。

对中小企业也进行了类似规定。通常认为，拜杜法案的首要目标是推动政府资助科研成果的商业化。出台拜杜法案的背景是，专利权掌握在政府下属机构手中，导致民间无积极性实施专利；大学已经成为大幅度提升国家竞争力的重要创新源泉，让大学拥有专利，更有利于专利的商业化。

---

❶ 李晓秋. 美国《拜杜法案》的重思与变革 [J]. 知识产权，2009：90.

在笔者看来，拜杜法案的出台与 20 世纪 70 年代末、80 年代初美国经济社会背景的新特征有关。在拜杜法案出台之前，大学就已经对新技术的可观的潜在市场价值作出了反应。据调查，早在法案出台之前的 20 世纪 70 年代，专门致力于技术商业化的技术专利办公室就已经开始成为一些研究型大学的附属机构。那时候，大学工作人员就已经尝试和美国研究公司合作，以推进专利技术的商业化。一些新药的市场需求明确可见，专利权的权利边界清晰，成为低风险高收益的理想投资对象。1980 年 Genentech 的首次公开上市发行把发明带来的财富推向了一个高峰。1981 年，同样属于生物产业的 Cetus 的首次公开上市发行创下了当时 1.08 亿美元的最高 IPO 筹集金额。从中受益的社会群体（如投资者）可能是推动拜杜法案的利益集团之一。这两次高价首次公开发行股票让投资界、产业界、大学和研发人员充分意识到了政府资助科研成果专利权的巨大经济价值。这一时期，通常以新技术为投资对象的风险资本在美国进入良性发展阶段。政府资助科研成果专利权成为一座受到越来越多关注的金矿。

这使得专利权继续归政府下属机构拥有越来越不合时宜了。那些需要购买专利权的企业和投资者，为了获得合法使用专利权的资格，除了事先要找发明人了解技术特征外，还需要与美国研究公司进行谈判和签约。专利权的转让和许可涉及各个新兴行业，知识密集度大，面对越来越庞大的专利权交易业务，这家公司越来越难以胜任。为了激励该机构努力推广专利技术，就需要授予其充分的定价权和收益分配权，然而这样做与其政府下属机构的性质相矛盾。同时，还涉嫌垄断技术市场。

拜杜法案的出台符合了里根政府的需要。一方面，通过重新界定专利权，将原本属于美国研究公司的权利和收入转让给了各大学，激发了大学推广专利技术的积极性，提高新技术实施对经济的推动作用。另一方面，减少了一个低效率的政府机构，成为其减少巨额政府赤字的一系列举措之一。由于相信拜杜法案所提倡的模式能够改进管理政府资助科研成果专利权的效率，许多国家也纷纷采用了类似模式。

## 11.2　对拜杜法案的批评

拜杜法案出台之后，美国大学转让和许可的专利数迅速增加，许多大学设立了技术许可办公室来管理专利。2006 年，大约 20% 的技术许可办公室的人数超过了 15 名，这些大型技术许可办公室的支出约为 200 万美元。收入上

则相差悬殊，从低于 500 元美元到过亿美元都有，如 2006 年纽约大学收入高达 1.97 亿美元。❶

在笔者看来，相对拜杜法案出台之前由政府下属机构统一管理政府资助科研成果的专利权而言，拜杜法案的进步意义在于它有助于增强创新市场的竞争性。一方面，该法案增加了政府资助科研成果专利权的供给者个数。改革前，政府资助科研成果专利权的供给者只有一个，即美国研究公司。改革后，随着大学下属的技术许可办公室成为政府资助科研成果专利权的管理机构，进行独立分散决策的供给者的个数增加了。另一方面，拜杜法案规定，政府资助科研成果专利权只是归承担项目的高校和中小企业所有，不包括大企业，同时要求将技术许可收入用于教学和科研，这也有利于增强创新市场的竞争性。

不过，一些学者认为，拜杜法案的作用可能被夸大了。Kenny & Patton（2005）借助交易成本理论进行分析，认为拜杜法案的运行并没有达到该法案所声称要达到的效果。❷ 许多科学家们相信，只要是有价值的科学技术发现，自然会很快扩散。例如，剑桥大学的 MABS 技术，没有申请专利，而是发表在 Nature 杂志上，扩散得很快。同样没有专利保护的单克隆抗体技术也不乏开发者。进一步地，对于具有广泛应用领域的基础性技术而言，即便没有技术转移办公室，该技术也能得到快速扩散。例如，对于 Cohen-Boyer 专利技术而言，即便没有斯坦福大学技术许可办公室的工作，也能广泛扩散。此外，拜杜模式的缺陷还体现在以下几个方面。

其一，专利技术办公室本身也追求利润，该机构的存在抬高了专利实施的成本。例如，哥伦比亚大学的技术许可办公室像专利蟑螂那样让别人的专利在被授权两年后被宣告无效。技术许可办公室追求盈利的行为，导致公众财政投入资金的研发成果并不能给公众带来充分利益。一些技术许可办公室的逐利行为妨碍着技术扩散。甚至大学之间的技术转让也要收费。例如，威斯康辛州立大学校友研究基金（WARF）的行为让加利福尼亚大学的非营利组织感觉受到了要挟，差点导致政府介入。技术转移办公室在妨碍而不是推

❶ Martin Kenny, Donald Patton. Reconsidering the Bayh-Dole Act and the Current University Invention Ownership Model [J]. Research Policy, 2009, 38 (9): 1407-1422.

❷ M. Kenney, D. Patton. Entrepreneurial Geographies: Support Networks in Three High-technology Industries [J]. Economic Geography, 2005, 81 (2): 201-228.

动技术进步。❶

其二，知识和信息问题。技术转移是非常专业的工作。大学有各种各样的专业。技术转移办公室不如发明者那样清楚潜在的被许可人或需求者的信息。来买技术的企业通常比专利许可办公室更了解专利，从而有信息优势。在这种状况下，专利许可办公室要么花费较多时间来收集使自己在交易中处于有利地位的信息，从而延迟交易和过于保守；要么以不利条款草率交易。这两种情形都会导致大学和发明人吃亏。

其三，技术转移办公室的行为有短期化倾向。有证据显示，在以专利权入股和进行许可这两种交易方式之间，技术转移办公室一般不偏好入股，而是偏好能在短期内带来更多现金流入的专利许可。此外，为回避风险，专利许可办公室更喜欢选择成交时固定支付金额较高的交易方式。通常，专利许可费包括两部分，一部分是成交时一次性支付的固定费用，这部分费用与被许可人从实施专利中获得的收益无关。另一部分是按专利技术所贡献的销售额或利润提成的浮动费用。技术转移办公室通常偏好一次性固定支付的费用更高的交易方式。这种短期化倾向，源自技术转移办公室是大学的下属官僚机构，管理层通常只追求自身任期内的业绩。

其四，当发明人和潜在的技术购买者对管理不善的技术转移办公室感到不满意时，没有其他选择。一些技术转移办公室提供附加服务的能力可能很弱，甚至扮演着妨碍而非促进专利技术扩散的作用，最终导致专利许可收入减少。作为大学下属的代理机构，技术转移办公室实质上垄断了所属大学的专利权管理业务。发明人并不能与自己不喜欢的技术许可办公室之间解除关系，因为发明人和技术许可办公室之间并不存在委托-代理关系。大学和下属的技术许可办公室之间才存在委托-代理关系。其实，发明人和技术许可办公室都是大学的代理人，发明人受大学委托从事研发活动，技术许可办公室受大学委托从事技术推广。发明人开发出来的技术只能由大学委托的技术许可办公室来进行许可。即便发明人和潜在的技术购买者对技术办公室不满意，也没有其他选择。

其五，拜杜模式下很难避免政府资助科研成果的流失。尽管拜杜法案规定的原则也适用于政府下属科研机构和中小企业，但大学是主要的适用对象。在大学里工作的研究人员与在企业里工作的研发人员面临不同的工作环境。

---

❶ Martin Kenny, Donald Patton. Reconsidering the Bayh-Dole Act and the Current University Invention Ownership Model [J]. Research Policy, 2009, 38 (9): 1407-1422.

在大学里工作的研究人员的科研经费主要来自大学外的机构，对其学术能力进行评价的主要是其所工作的大学之外的同行。例如，在发表论文、申报课题时，对其作出评价的同行通常来自其他机构。正因为如此，在大学里工作的研究人员的研究进程更难被其所工作的单位监督，即便系主任也并不清楚研究人员的具体进展。因此，虽然法律规定发明成果应向技术转移办公室报告，但很难实施。发明人可通过担任企业顾问等方式在灰色市场上私自转移技术。

## 11.3　潜在的改革方案

由于意识到拜杜模式并不是完美的模式，学者们提出了各种各样的改革方案。一种方案是在维护拜杜模式的基本框架的前提下，进行一些微调。例如，Nelson（2004）认为大学只应该进行非排他的专利授权，以便更多的企业能够实施由公共财政资金资助的科研成果。由多个企业来实施专利技术，不仅有利于技术扩散，还可以增加消费者的选择空间和增进社会福利。进一步地，笔者认为，在拜杜模式的框架下，政府还可以要求技术许可办公室对申请许可的各个企业进行无歧视许可。这意味着，技术许可办公室在对同一技术进行许可时，对不同的企业制订相同的许可条款。这有利于维护企业之间的公平竞争。

Dasgupota & David（1994）建议政府资金资助的科研成果归公共所有，成为供全体纳税人免费使用的公共产品。这种安排的好处是技术推广中的交易成本为零。但由全社会免费使用也有明显的弊端。一是不利于激励发明人从事面向社会需求的研发，发明人从事后续研发的动力不足；二是缺少了对科研产出的经济价值进行市场评价的渠道。专利交易市场的存在，为政府部门投入的科研经费提供了一个衡量产出的机制，可以引导政府资金更多地被配置到高效率的科研团队和科研项目中去。

Litan（2007）建议让发明人拥有政府资助科研成果的专利权。制度经济学的一个基本命题是，在存在交易成本的条件下，产权应该被配置给最能实现物品市场价值的一方。让更了解专利权技术属性和市场前景的发明人拥有政府资助科研成果的专利权，符合这一命题的要求。在交易中，在信息上处于劣势的一方（通常厌恶风险）由于害怕吃亏而延误交易，耽搁商业化进程。当技术转移办公室不具备更好的市场知识时，会导致比较大的效率损失。当享有信息优势的发明人拥有专利权时，可以减少这方面的效率损失。

　　大学专利的被许可方可以被分为两类。不管是其中的哪一种情形，由发明人拥有专利权，都更有利于技术的推广和实施。一类是发明人自己办的企业；一类是其他人办的企业。在第一类情形下，技术转移办公室的介入会从发明人那里收取一部分许可费，与专利权完全归发明人拥有时相比，会限制专利实施的产量。此外，这种做法还类似于向发明者多征收了一重费用，使发明者的回报减少，进而减少发明者从事发明活动的积极性。在第二类情形下，只有技术许可办公室在市场推广上有额外的专业优势时，拜杜模式才有效。但技术许可办公室通常不如发明人有专业信息上的优势（Hellman，2007）。●

　　由发明人拥有专利权，有利于发明人自主选择和委托擅长技术推广的中介机构从事推广。一些高效率的、能提供服务附加值的技术转化办公室能够存活下来，并吸引到其他高校发明人的委托业务。低效的技术许可办公室则会被淘汰掉。这有利于推动各个技术转移办公室之间的竞争和专业化。当所有的技术转移办公室都达不到发明人的期待时，发明人会选择社会上的其他中介机构帮助自己推广专利，这意味着技术许可办公室这一机构的消失。

　　笔者认为，通过将专利权授予发明人，可以得到进一步提高创新市场的竞争性。的确，拜杜模式下，技术许可办公室的出现曾经增加了创新市场上的供给者个数。但是，如果将专利权授予发明人，那么，创新市场上独立分散决策的供给者个数会进一步增加。

　　然而，拜杜法案所关注的科研成果毕竟是在公共资金资助下开发出来的。通常，发明人已经从公共资金或大学津贴中获得了劳务报酬。如果将专利权授予发明人，则存在重复获得报酬的问题。那么，怎么样在发明人和社会之间进行平衡，才能既有利于高效率地推广技术，又有利于增进社会公众的福利呢？

　　笔者认为，可以采用以下方案对发明人和社会公众的利益进行平衡。一方面，在将专利权授予发明人的同时，缩短政府资助科研成果专利权的保护期。这样不仅可以让专利权更早地被社会共享，而且，还能推动发明人尽快推广专利技术。另一方面，提供由发明人自己赎买的机制，即如果发明人愿意花费相当于政府投入项目经费的金额来买下专利权，则可享有与非政府资助科研成果专利权一样的保护期。这样做的好处是，发明人可以在支付政府

---

　　● T. Hellman. The Role of Patents for Bridging the Science to Market Gap ［J］. Journal of Economic Behavior and Organization, 2007, 63 (4)：624-647.

投入的成本后，充分享有那些价值可观、影响深远的技术带来的利益。这有助于维护发明人从事经济价值巨大的技术研发的积极性。

中国也采取了与拜杜模式类似的做法，即由项目承担单位享有政府资助科研成果的专利权。然而，高校专利的低转化率，让一些学者认为拜杜模式在中国存在水土不服的问题。可以从供求两方面来分析这一问题的根源。供给方是高校管理层和科研人员，需求方是风险投资机构和企业。

从供给角度看，对大部分高校科研人员来说，将每一单位时间用于"开拓专利市场获得市场认可"和"发表论文获得学界认可"的收益不相同。研究者会进行比较，将有限的时间投入到能给自己带来更大经济收益的领域。在我国当前的学术界体制下，从事改良性研究的学术论文（通常无须具备重大原创性）已经能给研究者带来精神和物质上的认可和收益。研究者个人如此，高校层面也是如此。高校通常注重论文、奖励和所承担科研项目个数等指标，专利转化的分量轻得多。从需求角度看，由于专利保护和金融体制等各方面原因，我国风险投资界对处于开发早期的新技术的投资态度相对保守。一些有技术需求的企业要么抱着侥幸心理擅自直接或间接地实施相关技术，要么出于对技术不成熟的担忧而放弃购买。这些都导致我国统计数据显示的政府资助科研成果专利权的转化率不高。

为了进一步推进政府资助科研成果专利权的转化，2015年3月23日，我国发布了《中共中央国务院关于深化体制机制改革加快实施创新驱动发展战略的若干意见》。该意见在保留原有模式的同时，提高了发明人分成比例上限及实施的自主程度，规定一定年限内没有转化的话，可以由发明人来实施。同时，减少了行政审批环节，加大了高校处置知识产权的自主性。这有一定的积极意义。然而，要充分提高政府资助科研成果专利权转化的效率，既需要在制度法规上作进一步的探索和调整，也依赖整个经济体制的进一步改革。

# 第十二章　共同提高创新市场竞争性的反垄断政策与专利政策

## 12.1 专利制度和反垄断制度关系的演变史

英国的专利制度最初在《垄断条例》中得到确认。《垄断条例》限制国王随意颁布独占许可证。在该条例中，专利制度被作为一种可以被认可和接受的垄断方式确立下来。原因在于，人们认为专利这种垄断权会给社会带来收益。这种收益足以抵消掉技术在保护期内被独占所带来的不便。

在19世纪50年代之前的自由资本主义时代，资本通常可以自由地进出各个行业，单个企业的规模通常并不太大，行业集中度也不高。不仅在机械制造、纺织等行业如此，甚至在金融业和教育行业也高度自由竞争。例如，19世纪上半期，美国实行可以自由进入、自由发行银行券的自由银行制度，实行可以自由创办学院的高等教育制度，等等。因此，在这一时期，专利权垄断之外的其他形式的经济垄断并没有引起关注。当美国确立起专利制度后，很长一段时间，人们主要关注的是怎样才能让专利权的权利界定合理、得到良好保护和有效运用，并没有想到是否需要借助另外一套制度来约束专利权的使用。

到了垄断资本主义时期，随着兼并不断发生，企业规模不断过大，行业集中度也不断提高。在美国，人们意识到经济高度集中会对其政治民主造成威胁，于是反垄断制度诞生了。在反垄断制度诞生初期，专利制度和反垄断制度各有各的宗旨和管辖领域。专利制度通过审查、授权、维权等环节确立起专利技术的独占地位，反垄断制度则通过防止集中和促进公平竞争来维护消费者的选择权。此时，这两者之间似乎并没有交集。

但没多久，就有人意识到一些企业在行使专利权时，采取了一些不合理的限制潜在竞争对手的做法。例如，20世纪初，美国国家耙具公司（National Harrow）成立了，22个生产耙具的企业将专利转让给该公司。由该公司对这些专利组合进行联合许可，共同制定价格，要求被许可人不与专利组合之外的产品供应商做生意，并禁止被许可人对池中专利的有效性提出质疑。❶ 有人意识到这可能是一种不合理的垄断，于是就这种做法提起了反垄断诉讼。

在对该案件提起反垄断诉讼时，原告脑海中的逻辑可能是，人们将自己手中的专利集中起来，组成一个专利池联合出售，类似于生产产品的供应商将货物集中起来，由一个中介商统一定价和代理。既然后者违背了反垄断法，那前者也可能会违背。在创新市场理论看来，那些导致创新市场上的过度集中和垄断的做法会导致效率降低，是不可取的。

尽管在该案件的判决中，法院支持了专利权人的做法，认为专利权的使用不应该受到反垄断法的约束，但是，到了 20 世纪中叶的美国，逐渐确认了几种专利权行使行为是不利于竞争从而应该受到反垄断法的约束的。这几种行为包括转售价格维持、改良技术的强制回授条款、禁止提出无效诉讼等。

到了 20 世纪 80 年代和 90 年代，情况又有所变化。人们意识到某些原本被反垄断法认定为削弱竞争的行为其实会促进竞争。对专利权企业具体行为的限制可能会削弱专利权对创新的激励作用。一些经济学家甚至批评反垄断制度对专利交易行为的干预会增加专利权人对未来收入预期的不确定性，不利于创新。在这种背景下，反垄断制度趋向于采用"是否有利于促进竞争和提高社会福利"这样的最终标准来判断一个具体案例是否违法。

由于标准有所变化，所以一些过去被判违反竞争法的案件在今天未必会被判违法。例如，根据回授条款，如果被许可人对专利技术进行了改进，专利权人将自动可实施被改进技术。在 20 世纪 70 年代，反垄断当局认为回授条款是违法行为。但是，到了 90 年代，观念发生了变化。当局意识到，如果不允许专利权人在许可合同中引入回授条款，专利权人可能根本就不会将技术许可给他人使用，这样也就不会有下一步的技术改良。因此，回授条款其实是有促进竞争的效应的。因此，在判断一项具体的回授条款是否非法时，应该同时对该条款的利弊进行权衡，才能作出正确判断。❷ 1995 年，美国司法部和联邦贸易委员会联合推出《知识财产许可指南》。2007 年又推出了《反垄断法实施和知识产权：推动创新与竞争》。这些规定不仅体现出反垄断制度强调采用"是否有利于促进竞争和提高社会福利"最终标准来判断各案

---

❶ Nancy Gallini. Private Agreements for Coordinating Patent Rights The Case of Patent Pools ［EB/OL］. 2011，http：//polis. unipmn. it/index. php？ cosa＝ricerca，iel.

❷ U. S. Department of Justice and Federal Trade Commission. Antitrust Guidelines for the Licensing of Intellectual Property ［EB/OL］. § 5. 6. 1995，http：//www. usdoj. gov/atr/public/guidelines/ipguide. htm.

例是否违法，而且，还提出了一些更具体的操作思路。

## 12.2 反垄断制度对专利交易市场的规制方式

反垄断案件通常并不介入专利权的权利范围界定和侵权诉讼等领域。反垄断当局通常并不具备专业的科技知识来判断一项专利的保护范围是否过宽或者保护期限是否过长。反垄断制度主要介入专利权的交易环节。据统计，1996~2000年，欧洲反垄断当局共审查了140个与知识产权有关的反垄断案件。与知识产权有关的反垄断案件占整个反垄断案件的7%。其中，又有一半多的案件与专利有关，约四分之一的案件与版权有关。与许可有关的案件占了十分之八。❶ 这说明，反垄断制度主要介入的是专利权乃至整个知识产权的许可和转让等交易行为，尽管也会涉及一些像微软（Microsoft）公司反垄断案那样捆绑销售的案例。

反垄断当局会判定某些不许可专利权的行为为非法。对那些被认定为违法的不许可行为，反垄断当局可颁发强制许可令。1972年，美国联邦贸易委员会对施乐（Xerox）公司的914型复印机专利颁发了强制许可。时任联邦贸易委员会的Michael Scherer自称自己在忐忑不安中接受了该强制许可令。在颁发强制许可令时，该复印机已经垄断市场16年，相关专利技术并未到期。但联邦贸易委员会认为，专利法允许的市场垄断期限也就是17年，该产品的实际垄断地位已经差不多要到达这一期限了，因此，颁发强制许可的目的就是要鼓励更多厂商进入这一产品市场。❷

上面案例判定不许可为非法。但许可也并不一定就合法。当许可行为发生时，也可能会削弱竞争。Francois Leveque & Yann Meniere（2004）指出，在判断一个具体的许可行为是否违法时，需要考虑许可双方所处行业的结构特征。❸ 他们将行业结构分为4类，分别考察了这4类行业结构下企业专利许可行为对行业竞争格局的影响。

第一种情形是下游有众多厂商生产某种产品或在该产品的供给上具有竞争性，上游某个厂商拥有一项独特的技术，该厂商将技术许可给下游行业中的某个厂商。如果被许可厂商实施专利技术后，仍然只是该行业中并不占市

---

❶ Francois Leveque, Yann Meniere. Intellectual Property and Competition Law, in The Economics of Patents and Copyright [M]. Berkeley Electronic Press, 2004: 82-100.
❷ 同上注。
❸ 同上注。

场主导地位的一员，或者说，下游行业的竞争性并没有被破坏，那么，这一专利许可并不是反垄断法要约束的对象。如果不允许许可，上游厂商只能自己亲自实施技术，此时不仅需要投入各类互补性资本，而且，该厂商可能也并不拥有生产下游产品的优势。此时，与不允许许可时的情形相比，许可可以提高社会福利。但是，即便在这种情形下，反垄断法也禁止在许可合同中写入一些限制竞争的条款。例如，微软曾经被判定违法，原因是微软不允许下游制造商安装除了微软的 IE 之外的其他浏览器，而且还要求电脑制造商必须将 IE 的图标放置在电脑桌面上。其他的违法条款还包括要求被许可人对已经过了专利保护期的辅助性技术缴纳许可费，并禁止被许可人对许可人的专利有效性提出质疑。❶

第二种情形是上下游均只有一个厂商。上游厂商从事技术开发，将技术许可给下游厂商。此时，根据 Cournot（1838）的理论，通常认为这一许可的发生会增加社会福利。如果不允许许可，那么，上游厂商只好亲自实施技术，生产出产品后供给下游厂商。这时候，整个行业呈现出双边垄断的局面。在双边垄断下，两个垄断厂商均制定能实现自身利润最大化的垄断价格，而不考虑对两个厂商整体利润的影响。类似于一条小溪在流动的路上被截留了两次。此时，如果将两个厂商合并成一个大厂商，其最终产品和产量的价格都会低于双边垄断的情形。技术许可扮演着类似于企业合并的作用。当许可发生时，上下游厂商可通过许可合同来控制下游最终产品的价格，既实现企业的整体利润最大化，又实现社会福利的改进。❷

第三种情形是上游有多个技术供给商，下游有多个产品制造商。上游某个厂商将技术许可给下游某个厂商。此时，也没有削弱竞争机制。此时，上游技术开发商的许可费通常比较低，甚至仅能补偿年费和部分申请费用。因此，美国反垄断当局并不把发生在市场占有率低于 20% 的企业之间的技术许可列入监察范围。❸

第四种情形是某个行业内厂商数量比较少，厂商之间展开水平竞争。此时，交叉许可可能会成为寡头企业之间串谋的手段。通过交叉许可合同，可以控制住最终产品的价格。例如，Summit 和 VISX 这两家公司均生产用于眼科

---

❶　Francois Leveque, Yann Meniere. Intellectual Property and Competition Law, in The Economics of Patents and Copyright ［M］. Berkeley Electronic Press, 2004：82-100.

❷　同上注。

❸　同上注。

手术的激光仪器。两家公司各自拥有一项专利，并进行了交叉许可。许可合同中约定对使用该设备的医生收取串谋好的费用。如果没有这一份交叉许可，两个企业是竞争关系；有了这份交叉许可后，则串谋。1998 年，联邦竞争委员会判定该交叉许可合同违法。还指出，如果不约定价格，则不算违法。❶

专利池是反垄断当局关注的一类特殊交易行为。多个专利权人通过组建一个专利池，履行各自的权利和义务，并共同实施和运营专利池中的技术。对专利池进行反垄断规制起源于 1902 年的 Bement & Sons v. National Harrow 案。前文提到过的国家耙具公司（National Harrow）代表 22 个生产耙具的企业进行联合许可，其许可合同中有规定产品价格和禁止被许可人提出有效性质疑等。但处理该案时，美国当局更强调专利权人的权利，而不是限制这一权利。20 世纪中期，美国开始对专利池的许可行为进行限制，例如限制专利池中的许可人对被许可人今后可能开发出的改良专利事先约定好回售条款。❷

近些年，专利池更加普及，这与两个客观因素有关。一是 20 世纪 80 年代以来专利保护趋于强化，专利诉讼趋于频繁，这迫使人们去合法购买或从他人那里获得专利许可。二是 80 年代以来新产品的技术集成度更高了，一项应用性技术需要用到若干项在先技术，使购买或从他人那里获得专利许可变得更复杂。于是，专利池更加普遍。❸

1995 年美国的《知识财产许可指南》申明，专利许可通常是有利于竞争的。除非能被证明该许可行为的发生确实减少了竞争，才会被认为是违反竞争法的。这一原理的提出将对专利池进行反垄断规制所考察的对象延伸到更广阔的领域。过去，人们通常关注专利池的许可条款中是否包含转售价格维持、区域垄断或非竞争条款。但是，现在，只要能证明专利池的行为减少了竞争，则可能被认定为违反了竞争法。❹

根据这一原则，由替代性技术组成的专利池被认为有悖于竞争，从而需要被限制。然而，由互补性技术组成的专利池是否抑制了竞争或减少了社会福利，则需要进行更加谨慎的判断。互补性专利池中一项专利技术的实施需要用到其他技术。过去人们通常认为，互补性专利池有利于将互补性技术整

❶ Francois Leveque, Yann Meniere. Intellectual Property and Competition Law, in The Economics of Patents and Copyright ［M］. Berkeley Electronic Press, 2004：82–100.

❷ Nancy Gallini. Private Agreements for Coordinating Patent Rights The Case of Patent Pools ［EB/OL］. 2011, http：//polis. unipmn. it/index. php? cosa＝ricerca, iel.

❸ 同上注。

❹ 同上注。

合起来，有利于降低技术相互许可的交易成本。Gallini（2011）是少数零星地提到创新市场（innovation market）的文献之一。该文考察了互补性专利池可能具有的反竞争效果，认为互补性专利池仍可能产生抑制竞争的效果。她介绍了两种可以被用来判断一个专利池是否违反了反垄断法的原则。

一个是产品原则（The Product Rule）。尽管《知识财产许可指南》的焦点是协议是否会对专利池内部成员之间的竞争产生抑制效应，但是，有时候，判断多个技术之间是竞争关系还是互补关系并不容易。特别在产业发展早期，容易误将具有替代性的专利池认定为互补性专利池。根据产品原则，专利池的形成不应该减少市场上可供消费者选择的产品种类和数量。❶

另一个是诉讼原则（The Litigation Rule）。其涵义是专利池不应该成为专利权人为避免诉讼而作出的决策。一些专利权人为避免相互之间提出无效诉讼而结成专利池，这会降低消费者福利，从而是违法的。若不签订专利池协议，池中专利就会被宣告无效，社会从中受益。否则，形成专利池，对社会无益。

在上述两个原则中，只要一个专利池违背了其中任何一项原则，就会被宣告无效。❷

通常认为，非核心的技术不应该被纳入专利池。这会提高被许可人的成本，且抑制被许可人从事替代性的非核心技术研究，还可能会限制可供人们选择的产品的多样性。不过，随着时间的推移，原本处于核心地位的技术也可能退居为非核心技术。这意味着反垄断当局可能会对专利池进行动态管理。MPEG-2 专利池就是这样的一个案例。MPEG-2 专利池是一套对可视数据进行压缩的技术标准。当局对 MPEG-2 专利池中的专利进行动态管理，要求将不再是核心专利的技术移出专利池，同时允许将新的核心专利列入专利池，是否为"核心"由专家来进行判断。当局还要求专利池对潜在的被许可人实施无差别的许可政策，池中的每项专利还应该可以单独地被许可给他人实施。❸

尽管反垄断当局主要关注专利交易环节，但是，仍可对专利制度其他环节产生间接影响。例如，1995 年，美国联邦贸易委员会建议美国专利商标局

---

❶ Nancy Gallini. Private Agreements for Coordinating Patent Rights The Case of Patent Pools ［EB/OL］. 2011，http：//polis. unipmn. it/index. php? cosa＝ricerca，iel.

❷ 同上注。

❸ Francois Leveque，Yann Meniere. Intellectual Property and Competition Law，in The Economics of Patents and Copyright ［M］. Berkeley Electronic Press，2004：82-100.

在起草计算机相关发明的专利审查指南时要警惕。委员会指出，过宽的专利授权会减少驱动创新的竞争机制，特别是存在网络效应会使问题更严重。因此，建议缩小软件专利保护范围，要对新颖性和非显而易见性进行严格把关，特别不要将已经被一些厂商在实施的技术列入专利保护范围。❶ 这说明，当反垄断当局意识到专利保护可能削弱竞争时，可向专利立法和行政部门提出建议。

## 12.3　将专利制度和反垄断制度统一起来的分析框架

在判断专利制度和反垄断制度的社会功能时，人们通常借助"动态效率"和"静态效率"这一对概念。最初，人们认为专利制度更看重动态效率，而反垄断法更看重静态效率。所谓动态效率，是指一个市场或一个经济体从事创新的能力。一个经济体在时间轨迹上制造创新的能力也被称为动态效率。❷专利制度通过允许市场垄断来刺激人们不断地创造出新技术，从而提高动态效率。静态效率则是指在既定技术状况下，市场结构的竞争性增强导致的效率提高。

但这两大制度也都分别在动态效率和静态效率之间进行权衡。例如，专利制度并没有向发明者提供无限期的专利保护，专利垄断期过后其他人也可实施相关技术。这样，市场结构就从垄断转向竞争了。❸ 当 Nordhaus 解释专利保护期为什么有限时，借助了边际分析的思想。他的逻辑是，当延长 1 单位的保护期时，能刺激更多的研发投入和技术创新，即动态效率的增加；但同时，延长 1 单位的保护期，也会导致技术垄断期的延长，即静态效率的损失。在最优的专利保护期水平上，这两个边际效应应该正好相等。

不过，反垄断法也并不是不看重动态效率。例如，在企业合并案中，合并会提高市场集中度，导致静态的福利损失，但企业合并也会有一些好处，如增强企业集中人力财力从事新技术开发，相对稳定的市场份额也会减少实施新技术的风险。反垄断当局会对利弊进行权衡，决定是否允许合并发生。❹

尽管"静态效率和动态效率"的分析思路在一定程度上揭示了这两大制度在社会功能上的区别，但对实际操作的指导性却比较有限。在进行具体的

❶ Francois Leveque, Yann Meniere. Intellectual Property and Competition Law, in The Economics of Patents and Copyright [M]. Berkeley Electronic Press, 2004: 82-100.

❷ 同上注。
❸ 同上注。
❹ 同上注。

法律设计和判案时，很难对具体的静态效率和动态效率进行计算和比较。实务界仍然需要一个统一的、对实际工作有简单明了的指导意义的分析框架。

笔者认为，可以用"创新市场的竞争性"这一概念来对这两项制度进行分析。不管是专利制度，还是反垄断制度，都应该有利于维护"创新市场的竞争性"，即让新技术、新构思的独立供给者和独立需求者的数目足够多。维护创新市场的竞争性，也应该是在对这两项制度进行实施和设计时应该坚持的一个基本立场。而提倡"维护创新市场的竞争性"的创新市场理论就是一个可以很好地将专利制度和反垄断制度统一起来的分析框架。

专利制度的一个基本功能就是增加创新供给者的个数。例如，美国1790年专利法建立的依据就是美国宪法第1款"通过授予发明者和作者对他们的写作和发现成果在一段时期内的权利，来推动科学发展和工艺进步"。本书第一章讨论专利制度的演变时，指出从两百多年的大历史跨度看，专利制度演变的大方向是促进新技术市场的竞争性，包括增加独立的创新供给者、需求者的个数，增加市场流动性等。这些都有助于提高创新市场的竞争性。那里已经进行过充分描述，此处不再赘述。

类似地，反垄断制度也同样应该"促进创新市场的竞争性"。反垄断制度的目标通常被认为是维持市场竞争。最初，人们所关注的"市场"仅仅是产品或服务市场，如石油、钢铁等市场。然而，反垄断法对专利技术交易市场的介入，意味着反垄断法不仅鼓励产品市场上的竞争，而且也鼓励技术市场上的竞争。例如，在许可合同中规定最终产品的销售价格，类似于许可方和被许可方形成一个卡特尔，不仅限制了产品市场上的竞争，而且会削弱企业从事进一步技术改良的动力，从而削弱技术市场上的竞争。

反垄断法和专利法都认为应该鼓励创新。反垄断法通过增加企业个数、提高竞争性来鼓励创新。专利制度通过提供合法垄断来激励创新。一个更倾向于竞争，一个更倾向于垄断。乍一看，似乎是对立的。

但是，借助"创新市场的竞争性"这一概念进行分析，就会发现这两部法律不仅不再是对立的，而且现在还具有了一致的目标，并且为了实现一致的目标而互相补充和配合。这种互补性主要体现在以下几个方面。

两者在期限上互补。专利保护仅在一定期限内有效。当专利保护到期后，若未进入充分竞争的状态，则可考虑实施反垄断法。这一点，对那些技术落后的发展中国家具有实际意义。例如，在某个发展中国家，当一些跨国公司的专利保护到期后，如果市场份额高度集中在该公司手中，或者说该公司在行业内仍保持垄断地位，那么，就可能成为反垄断当局的关注对象，要求将其分拆。特别是当该公司不从事创新也能维持市场垄断地位时，反垄断当局就更有必要介入了。如果这类企业担心反垄断当局的介入，就可以通过持续地从事创新，借助新的专利权来增加自己抗辩胜利的可能性。即反垄断当局在专利保护到期后的介入可以成为企业持续创新的一项外部压力。这有助于提高创新市场上独立的技术供应商的个数，从而有助于提高创新市场的竞争性。

两者在范围上互补。专利法对专利权进行权利界定和保护。不过，在专利法中，并没有明文规定要鼓励技术供应者之间的竞争。在当前，鼓励技术供应者之间竞争的社会职能更多地由反垄断制度来承担。如本章第二节所述，反垄断当局对专利领域的干预主要体现在对专利交易市场的介入和干预。是否进行干预的标准是专利交易行为是否抑制了竞争和降低了社会福利。例如，反垄断法限制替代性技术组成的专利池，原因就是这会削弱技术开发者之间的竞争。如果没有专利池，开发商各自实施或对外许可自己的技术，相互竞争，会增加消费者福利；相反，如果联合组成专利池，则各厂商很可能有意识地实施单项能带来最大垄断利润的新技术，而且，在实施这项新技术时，各厂商制定统一的垄断价格。其后果是，市场上只有一种技术得到实施，消费者不得不支付垄断价格。当无法组成替代性专利池时，各厂商各自使用不同的技术，相互竞争，不仅有助于增加消费者福利，而且，还有助于这些厂商朝不同的方向从事技术改进和研发，这有助于提高创新市场上独立的技术供应商的个数，从而有助于提高创新市场的竞争性。

执行两套制度的部门在知识上互补。专利制度的调整通过专利法修订和判决来体现。专利制度的一个不足之处是一刀切。专利制度试图针对不同的技术提供不同的保护。目前，这一目标主要通过收取年费、对不同类型的新技术分别提供发明专利和实用新型专利保护来体现。但是，一刀切的问题仅得到部分解决。专利技术是在不同的市场环境中被实施的。同一种专利交易行为，在不同的市场环境下，既可能促进竞争，也可能抑制竞争。在本章第二节就针对4种不同类型的市场环境讨论了专利许可对市场竞争的不同影响。如果借助专利系统（主要包括专利行政部门和专利法院）来判断专利交易行为是否促进竞争，则意味着专利系统需要去学习关于市场结构和反垄断政策的一系列原理和方法。目前各国的专利系统通常并不具备这样的知识结构和相应职能。于是，通常由反垄断部门扮演着对专利保护进行微调的角色。不过，尽管反垄断部门在反垄断政策原理和方法上拥有优势，但在对技术特征的认识上不及专利系统。因此，对专利技术的滥用进行反垄断规制时，两者需要进行配合。总之，专利制度提供了基本的独占权。若这一独占权的行使不受限制，那么，从长期看可能会抑制竞争，从而并不利于创新。反垄断法则结合具体的市场环境对专利保护进行调整，减少专利保护的负面社会效应。从专利权人的角度看，反垄断法会对专利权的实施产生影响，从而改变专利回报。因此，专利法和反垄断法共同决定了专利权人的创新回报，并力图减少社会为此付出的代价。

需要强调的是，普通产品市场的竞争性不等于创新市场的竞争性。在20世纪50年代和60年代的美国，反垄断法对企业之间的兼并限制得较为严格。尽管在那些被认定为具有自然垄断性质的行业内，企业个数少，规模庞大，在非自然垄断行业内，企业个数仍然较多，竞争仍然相对充分，但是，与后来的90年代相比，这一时期的创新市场竞争性并不强。原因之一是这一时期的专利保护不仅设置了较高的创造性门槛，而且在司法上也存在大的不确定性。从而弱化了产业界的创新动力。导致创新市场的个体偏少，竞争性低，尽管产品市场上竞争激烈。

以维护创新市场的竞争性为出发点来实施反垄断政策，意味着具体的经济环境会对反垄断当局的态度产生影响。其中一个可能会产生影响的经济环境是所关注的行业内的专利分布现状。该现状对反垄断政策的实施有参考作用，换句话说，一个行业内的专利竞争现状应该成为反垄断政策的依据之一。例如，若几个待合并企业，合并后占较大市场份额，但对该行业有较大替代性的核心专利技术均被其他几家快速成长的企业掌握。此时，则可相对放松对兼并的限制，允许这些企业有相对从容的过渡期、重整期乃至二次创业期。若这些企业经过创新和重整，仍能在市场中活下来，保有一定市场份额，与新兴企业共同竞争，仍会提高市场的竞争活力。若其他企业掌握的专利数目少，创新能力弱，则社会将为兼并导致的垄断付出更长期更高昂的代价，对兼并的态度则可相对严格一些；若专利主要被将要合并的企业掌握，则对兼并的态度也可相对严格一些。原因在于，兼并后，该行业产品种类减少，价格上升，对社会从事进一步创新不利。

另外一些可能会产生影响的经济环境是社会对前沿基础科学的掌握、研发体系的活力、专利保护有效、有利技术实施的创业环境（无进入壁垒；能提供快捷、专业和低廉服务的资本体系）等因素。如果一个社会的研发体系有活力、专利保护有效，那么，随着基础科学的不断进步，研发体系会不断设计出新的技术范式，对原来的主流技术范式进行挑战。如果资本体系发达、创业环境有利，市场进入壁垒足够低，那么，这些新的技术范式下会较快成长起若干新兴企业，逐渐替代原有的范式，成为新的主流范式。这意味着，现有企业面临比较大的来自新兴技术的竞争。即便通过兼并来提高效率，也可能不能造成妨碍其他新技术兴起的后果。在这种情况下，反垄断当局可能会对现有企业的兼并采取相对宽松的行为。20世纪80年代里根政府改革以来，美国创新活力的释放就是与上述一系列经济环境的变化联系在一起的。在这一过程中，专利政策和反垄断政策也进行了相应调整。一方面，专利保护的强化使人们从创新中获得更多收益；另一方面，在反垄断实施方面，对强者吞并弱者的约束少了，促进资源从弱者向善于创新的强者聚集。这种政策搭配有助于推动行业内占主导地位的技术范式的不断更迭。这一过程循环下去，推动着产业结构的调整和优化升级。

总体来说，以维护创新市场的竞争性为出发点的理念克服了传统的结构—行为—绩效范式的缺点。美国传统的结构—行为—绩效范式的缺点是没有将创新本身也视为一个市场，忽略了创新与市场结构之间的交互影响。哈佛学派主推的结构—行为—绩效范式在20世纪50年代和60年代的美国占据主导地位。该范式主张一个行业内企业的个数必须足够多，反对兼并。然而，该范式在实施中遇到了一些问题，例如，限制企业获取规模经济的好处，企业个数多但规模小，低利润导致无力从事研发活动。同一时期的专利制度特征进一步削弱了从事研发活动的积极性。这意味着传统的结构—行为—绩效范式仅仅关注产品市场上的竞争，而不是创新市场上的竞争。

# 第十三章　职务发明专利权的
经济学分析

## 13.1　职务发明制度的演变史

从历史上看，对雇员发明成果归属的法律界定，经历了 3 个阶段。第一个阶段是 1840~1880 年，此时的法律认为雇员拥有与其发明相关的各种权利，谁发明谁使用，发明所有权与是否受雇用的身份无关。这样的安排沿袭了第一次工业革命时期的做法。在第一次工业革命时期，发明主要是由工匠受到生产过程的启发而作出的，雇主雇用工匠时主要看重其掌握技术的熟练程度，而不是期待其从事发明活动。雇主也并没有为研发活动提供额外投入。这样，新技术的发明就成了雇用关系的副产品。雇主不拥有雇员的发明成果、由工匠自行申请并拥有专利权具有自然合理的逻辑。[1] 1836 年美国专利法规定了默认许可原则，即如果在专利申请前使用某项发明且得到专利权人默认的，专利被授权后仍然可以继续使用。这样规定虽然没有对专利权权属作出改变，但为雇主使用雇员发明提供了一些便利。1843 年美国的 McClurg v. Kingsland 案让雇主获得了事先默认的许可权。该案是美国历史上第一桩涉及职务发明的案件。在该案中，雇主在雇员申请专利之前就已经使用相关发明。但当雇员获得专利授权后，试图禁止雇主使用发明。雇主提起诉讼，法院判决允许雇主使用该发明。[2]

不过，在没有事先默认许可的其他情形下，雇主要使用雇员发明，还得获得雇员许可或者购买。19 世纪中期，为铁路公司操作火车机车的职员们通常受到良好教育。当遇到技术问题，他们经常想办法自己解决。1850 年，在 Philadelphia and Reading 铁路公司工作的 James Millholland 掌握了一门机械技术，他从雇主那里收到了1000美元，将与该发明有关的所有权利让渡给其雇主。尽管一些铁路公司的高层如 Burlington 公司的 Robert Harris 认为，铁路公

---

[1]　引自：吴欣望，朱全涛. 创新市场与国家兴衰 [M]. 北京：社会科学文献出版社，2012：46.

[2]　王重远. 美国职务发明制度演进及其对我国的启示 [J]. 安徽大学学报：哲学社会科学版，2012（1）：135.

司的职员没有合法权利要求公司就其在本职工作中作出的发明支付专利费，在本职工作岗位上付出最大智慧本来就是雇员应尽的责任，然而，他依然不得不向一位作出发明的机械师支付 350 美元，此外还向其他雇员支付过类似的报酬。❶

第二个阶段是 1880~1900 年，法律认为雇员拥有他们的发明但雇主有权使用。这源于企业意识到，没有企业雇用员工、为其提供工作机会，就不会有雇员发明。此时，如果企业要实施该发明，还需要从自己雇员手中购买的话，有些不合理。法律允许企业拥有雇员发明的使用权，还可以在一定程度上激励企业为员工的研发活动提供一些便利条件。在这种安排下，员工不仅是劳务的出售方，也依然是自己发明成果的供给者，既可以让雇用自己的企业使用，也可以转让或许可其他企业使用。❷ 在 1897 年的 Blauvelt v. Interior Conduit & Insulation Co 案中，首次引入了工场权（shop right）的概念。这意味着，只要雇员的发明活动利用了雇主提供的资源，雇主便有权实施该发明，无需获得雇员同意。当然，前提条件是雇主的资源对雇员的发明活动有所贡献。否则，雇主不享有工场权。❸

第三个阶段是 20 世纪之后，法律认为雇主可以通过与雇员事先签订合约来拥有雇员发明。❹ 这一阶段，研发活动更加复杂了，不仅需要研发者有更多的人力资本积累，研发活动所需要的配套物质资本投入也增加了。企业专门雇人从事研发。企业研发实验室诞生于 19 世纪 70 年代。20 世纪 20~60 年代，大型企业纷纷建立企业研发实验室。❺ 1899 年，美国工业实验室的个数是 112 家，而且从 1899 年到 1918 年新增了 553 家。❻ 获取员工职务发明的所有权成为对企业研发投入的关键补偿。1924 年，美国 Standard Parts Co. v. Peck 案

---

❶ Steven Usselman. Patents, Engineering Professionals and the Pipelines of Innovation: the Internalization of Technical Discovery by Nineteenth Century American Railroads [EB/OL]. 1999, http://www.nber.org/chapters/c10230.

❷ 引自：吴欣望，朱全涛. 创新市场与国家兴衰 [M]. 北京：社会科学文献出版社，2012：47.

❸ 王重远. 美国职务发明制度演进及其对我国的启示 [J]. 安徽大学学报：哲学社会科学版，2012（1）：135.

❹ Catherine L. Fisk. Removing the Fuel of Interest from the Fire of Genius Law and the Employee-Inventor, 1830-1930 [J]. The university of Chicago Review, 1998, 65（4）：1127.

❺ Naomi R. Lamoreaux, Kenneth L. Sokoloff, Dhanoos Sutthiphisal. The Reorganization of Inventive Activity in the United States during the Early Twentieth Century [EB/OL]. NBER working paper 15440, 2009, http://www.nber.org/papers/w15440.pdf.

❻ 王重远. 美国职务发明制度演进及其对我国的启示 [J]. 安徽大学学报：哲学社会科学版，2012（1）：135.

否认了专利权归雇员所有。最高法院认为，在雇员 Peck 受雇改进汽车部件性能之前，其雇主福特汽车公司就已经在与其签订的雇用合约中规定企业拥有专利权，在这种情形下，由雇主享有专利权。此后，美国逐渐形成了以下惯例：如果雇主和雇员签订了合约，则专利权的配置服从合约；如果没有签订合约，则当雇员发明利用了雇主资源时，专利权归雇员，但雇主可以使用。❶

在实践中，即便雇主可以依据雇用合同获得雇员发明的专利权，当不仅需要向专利当局提供相关证明文件，而且在申请中还需要得到雇员的配合。在 2011 年之前的很长一段时间内，发明人和申请者是同义词。由发明人提出专利申请并获得授权后，将专利权转让给雇主。只有当雇员拒绝提出专利申请或联系不上时，享有法律认可的被转让权利的雇主才能代发明人提出专利申请。但雇主必须证明自己的确拥有法律认可的被转让权。这套证明程序非常复杂而且昂贵。2011 年实施的《美国发明条例》简化了雇主获得雇员发明技术的所有权的程序。2011 年改革之后，在上述情形下，雇主可以直接作为申请人提出专利申请，而不是代发明人申请。专利授权后，可以直接由雇主拥有。❷ 这一法律上的调整缓解了雇员不配合专利申请时导致的专利权保护和实施被延误的问题。❸

不管雇员发明的专利权归谁拥有，雇主为了从实施雇员发明中获得收益，得对雇员采用与普通雇员不同的激励方式。经济史学家考察了为巴斯夫（BASF）公司工作的化学家在 1877~1913 年的平均收入，发现其收入由固定收入和浮动收入组成。发明型员工的固定收入是普通工人的 3 倍多。这部分收入与其工作绩效基本无关，可视为对发明型员工前期的教育投资的补偿。发明型员工的浮动收入通常与其工作业绩相关，这可能是为了激励发明型员工积极利用相关发明为企业创造更多的利润。从 1885 年左右起，为巴斯夫

---

❶　王重远. 美国职务发明制度演进及其对我国的启示 [J]. 安徽大学学报：哲学社会科学版，2012（1）：135.

❷　Judy Naamat. The America Invents Act and Its Impact on Employers [EB/OL]. 2013，http：//the-emplawyerologist. com/2013/01/.

❸　专利转让（assignment）不同于专利许可（licensing）。Assignor：转让人，专利申请或注册时记录在案的专利权所有者。在美国，可以对专利申请权或专利权进行转让。assignee：被转让人。如果研究型雇员与企业事先签订了专利转让协议，那么，雇员将职务发明转让给雇主就是必须的。当被转让人直接提出专利申请时，必须出示转让人的同意文件和相关证明文件，此时，被转让人获得的是专利申请权。被转让人既是申请人也是被转让人（Applicant-Assignee）。这意味着，专利申请人并不一定就是发明人了。当发明人将专利申请权转让给其他人时，申请人会变为其他人。不过，发明人应当仍然拥有发明者的署名权（这是研发市场上的一类重要信息，可以作为企业雇用研发人员时的参考，有利于提高研发雇用市场上的竞争性）。

（BASF）公司工作的发明型员工的固定收入没有多少变化，但浮动收入的增加却导致总收入大幅度增长了。❶

尽管在大多数国家，企业都能获得雇员借助企业物质条件创造出来的发明成果，但在对雇员的补偿上，却形成了不同的传统。在日本，虽然法律要求企业对作出发明的员工进行合理补偿，但是，企业和员工之间很难"就多大补偿才是合理的"达成一致认识。很多时候，不得不借助法院来判决。在英国，1977 年专利法也规定，如果企业就雇员发明申请和获得了专利权，且该专利权给企业带来了收益，那么，员工应该得到补偿。尽管如此，法院却很少作出要求企业支付补偿金的判决。员工也很少想到向企业要求补偿金。社会似乎倾向于认为，只要是雇员利用企业提供的物质条件作出的发明，理所当然归企业所有。努力工作，包括努力设计新技术来增加雇主利益，似乎是雇员本职范围内的义务。不过，2009 年，英格兰高级法院作出了一项重要判决，要求一家企业分别支付 100 万英镑和 50 万英镑给两名作出发明的雇员。这一判决可能会导致英国雇员更多地借助司法渠道获得补偿金。❷

## 13.2　借助博弈模型解释中国职务发明制度改革

尽管法律对雇主和雇员之间的权利分配作出了原则上的要求，但是，在现实生活中，每一笔职务发明到底能给雇员带来多大收益，取决于具体情形。首先，发明人和企业家之间的分配比例取决于双方的谈判。笔者构造了一个基本的博弈模型，来说明发明人和雇主之间是如何达成分成比例的。其次，笔者在这一基本模型中引入影响企业和研发者个人决策的内外部因素，考察各种内外部因素对研发者的努力程度的影响。最后，借助博弈模型解释中国职务发明制度的改革。

这个简单博弈的行动顺序如下。在行动之前，企业用于研发的资本投入已经确定好了，属于沉淀成本。企业比发明人早行动，企业的决策是制定一个和雇员就发明所创造的私人价值进行分成的比例。发明人比企业后行动，发明人的决策是决定自己从事研发的努力程度。

研发者的个人效用函数如下：

❶ Carsten Burhop, Thorsten Lubbers. Incentive or Innovation R&D Management in German High Tech Firms during the Second Industrial Revolution [M]. Preprints for Max Planck Institute on Collective Goods, 2008. 转自：吴欣望，朱全涛. 创新市场与国家兴衰 [M]. 北京：社会科学文献出版社，2012：49.
❷ 斯哥特·派克，陈兆霞. 职务发明英国相关法规之简介 [J]. 家电科技，2010 (6)：47.

$$u = xV(w) - C(w), V'(w) > 0, V''(w) < 0, C'(w) > 0, C''(w) > 0$$

其中，$w$ 为员工付出的研发努力。$C(w)$ 为努力工作给员工带来的不便。$V(w)$ 为付出既定努力所开发出来的科研成果给企业带来的私人经济收益。$x$ 为员工从科研成果给企业带来的经济收益中分成的比例。

企业的利润函数如下：

$$\pi = (1 - x)V(w)$$

采用逆向归纳法求解的思路是，先求出在既定的分成比例 $x$ 水平下，员工付出的研发努力程度 $w(x)$，即从事研发的雇员针对雇主决策的反应函数。然后，将这一反应函数代入企业利润函数，在假定企业对雇员的反应掌握完全信息的条件下，求使企业利润最大化的分成比例 $x$。记使企业利润最大化的分成率为 $x^*$，则子博弈精炼纳什均衡下发明者的劳务付出水平为 $w(x^*)$。

需要稍加说明的是，分成比例 $x$ 并不是越大就越能增进企业利润。过高的分成比例 $x$ 反而会导致雇主或企业自身利益受损。这里面的道理可以用一个比喻来阐释。企业和发明人之间就像在分一个蛋糕，由企业决定分成比例 $x$。当企业给自己分的蛋糕比重增加时，会导致蛋糕本身缩小了，导致最后企业分到的蛋糕其实更少。

我们可以将一个令发明人所获回报不确定的因子 $\theta$（$0 < \theta < 1$）引入上述模型中。下面的函数描述了不确定因子对发明人效用的影响。

$$u = x\theta V(w) - C(w)$$

可以证明，不确定因子会降低发明人的均衡努力水平，并最终降低企业从雇员发明中获得的收益。相应的政策上的启示是，政府需要采取措施降低发明人从研发中获得回报的不确定性。这可以提高均衡时的努力程度，增加社会福利。

借助这一思路，我们可以对中国当前的《职务发明条例（草案）（征求意见稿）》进行评析。我们认为，该草案的特点是充分发挥了政府职能部门在降低雇员从其发明中获得回报的不确定性的作用。而政府部门的介入，比主要靠司法部门事后处理的日本模式更能有效地降低雇员回报的不确定性。因此，该草案不仅摆脱了过去对外国做法的简单模仿，而且会更有成效。为了对我们的观点进行论证，我们先介绍一下日本的职务发明制度所面临的困境，然后再分析中国《职务发明条例（草案）（征求意见稿）》是如何降低雇员发明回报的不确定性，并更有效率的。

在日本的职务发明制度下，司法部门的介入影响着研发雇员和企业之间的利益分配。日本专利法中关于职务发明的规定从 1921~2004 年几乎没有变化。在该制度下，雇员发明成果的专利权归企业所有，同时，法律又要求企业对雇员给予一定的报酬作为补偿。在该制度实施的过程中，研发雇员和企业之间经常就补偿金额发生分歧。而法院的判决金额也往往由于远低于发明人的预期水平而受到病诉。❶

研发人员对报酬的不满折射出日本特殊的研发人员劳务市场结构。随着日本高等教育的发展，研发人员供给丰裕，形成了高度竞争的劳务供给。在某个行业内，设有内部研发机构的企业数目通常并不多，这就形成了寡占甚至垄断的劳务需求局面。在日本文化中，强调雇员对企业的忠诚度，跳槽的雇员会被认为是不忠诚的。这进一步限制了寡占企业之间对研发人员的竞争。这种格局下在利益分配上是不利于研发人员的。正是在这种背景下，一些非常杰出的研发人才干脆迁往美国。这又进一步导致日本缺少原创性的重大技术创新。于是，出现了引进国外高端技术和杰出人才外流同时并存的现象。❷

日本借助司法手段来解决雇员发明报酬过低的问题。2003 年，日本专利局发布了《雇员发明制度改进报告》，强调要维护雇员从事发明活动的积极性。2004 年后，许多由工程师向雇主提出对其职务发明给予高额补偿的诉讼都是工程师胜讼。例如，2004 年，法院判日立公司向蓝色发光二极管发明人中村修二支付巨额补偿金。❸ 在判决中，法院虽然认可了企业对研发活动的经费投入，但更强调了发明者独创性思维的重要。

尽管如此，日本通过"授权后司法介入完成交易过程"的基本格局并未发生改变。这样，很多时候，雇员将仍然不得不依靠事后司法程序来获得回报。但是，借助司法程序能够获得多少回报既取决于双方律师的能力，也受到法官观念影响，从而具有很大的不确定性。如果日本雇员在获得发明回报的方式上减少对事后司法途径的依赖，就会提高对其发明活动的回报的预期，进一步完善其职务发明制度。对比之下，美国企业通常事前在企业制度或研

---

❶ 吴欣望，朱全涛. 创新市场与国家兴衰［M］. 北京：社会科学文献出版社，2012：218.

❷ 同上注。

❸ 陶鑫良. 职务报酬的发明权属性及其创新激励探讨［G］. 上海知识产权论坛（第 3 辑）. 上海：上海大学出版社，2006：3.

发合约中就已经和雇员达成了包括专利转让和报酬支付在内的意向。如果不这样做，专利权人将属于发明人。这样，双方从研发成果中获得的收益就很明确了。如果在研发成果的实施过程中，企业不按照事先约定的方式对发明人支付报酬，将丧失信用和受到严格的法律制裁。这些都减少了双方对今后实施专利过程中收益不确定的顾虑。

在我国，职务发明的专利权归企业所有，这一点与日本是一样的。同时，为了维持发明人的积极性，我国法律还赋予了企业相应的义务，例如，法律对企业支付给研发人员的报酬的结构和最低水平作出了要求。一方面，不管相关发明是否得到实施和应用，均要求企业对发明人支付奖励。这部分奖励不受发明成果的实施状态影响，是对研发人员最基本的补偿。另一方面，法律还要求企业从专利实施的收益提取一定比例的报酬支付给发明人，这部分回报与发明的价值大小相关，以便激励员工从事具有重大市场价值的发明活动。法律还设定了这两部分报酬的最低水平。

然而，在现实生活中，法律规定的补偿经常形同虚设。如果企业不按照法律要求支付报酬，发明人经常无能为力。即便法院受理此类诉讼，也面临着取证难的问题。这加大了发明人从研发活动中获取回报的不确定性，削弱了其从事发明的积极性。数据显示，从 1985～2006 年，职务发明专利仅占我国专利申请总量的 36.9%，而在美国这一比例达到了 75% 以上。❶ 这从一个侧面说明，获得回报的高度不确定性会抑制雇员的发明积极性，并最终造成雇员发明的整体低迷。因此，我国的职务发明制度迫切需要提高雇员从发明中获得回报的确定性。

这也正是本次职务发明修订草案的一大亮点。该草案通过行政部门的监督和介入，帮助发明人将来获得补偿更加可被预期到。这与日本主要通过法院事后判决的做法是不同的。具体说来，草案以下几方面的规定均有助于降低发明人从其研发活动中获得回报的不确定性。

一方面，降低发明成果权属的不确定性的档案管理制度。如果没有相应的研发管理记录，当雇员和企业之间发生争议时，很难确定相关雇员是否有资格作为发明人享有相关报酬。对一些没有被申请专利、只是作为商业秘密处理的发明而言，尤其如此。此外，从我国目前的职务发明案件看，发明人一般在离职或退休时提出补偿要求，这也显示出相关记录的重要性。《职务发

---

❶　王重远. 美国职务发明制度演进及其对我国的启示［J］. 安徽大学学报：哲学社会科学版，2012（1）：135.

明条例（草案）（征求意见稿）》则要求企业建立起包括报告制度在内的一系列档案管理制度。发明报告包括发明人的姓名、发明的内容、发明为职务发明还是非职务发明及其理由、单位确认相关发明为非职务发明或职务发明的往来文件及理由；单位对相关发明作出公开、保密或申请知识产权保护等决定的文件。

虽然建立各种档案会增加企业和发明人的工作量，但笔者认为这一代价的付出是值得的。这是因为，这样做会降低发明人未来所获报酬的不确定性，增强发明人对其发明成果所能取得报酬的预期，从而有利于提高发明人从事发明的积极性。根据上述博弈模型，即便企业仍然保持原来的对发明人支付的分配比率，但由于新的条例降低了未来获得回报的不确定性，发明人所付出的努力仍然会增加。更多的研发努力会增加企业现有研发资源的边际回报，继而刺激企业投入更多的研发资源。最终结果是提高社会整体研发效率。

另一方面，草案增强了发明人对自己可从发明成果中所获报酬预期的确定性。例如，第24条规定，在单位和发明人没有约定支付日期的条件下，单位应当在获得、转让或许可、实施知识产权之日起3个月内对发明人发放奖金、支付报酬或分红。这有助于防范企业无限期拖延或企业破产导致的不能取得足额报酬的情形。第25条规定单位对采用技术秘密方式予以保护的职务发明也应当支付合理补偿。第27条规定在单位和发明人事先没有作出规定的条件下，即便专利权被宣告无效或者被撤销，发明人也无需返还已经获得的奖励和报酬。

草案第5条还规定只有对发明的实质性特点作出创造性贡献的人才能作为发明人署名。只负责组织工作、管理工作的人、为物质技术条件的利用提供方便的人或者从事其他辅助工作的人，不能被列为发明人。不仅如此，草案还规定由政府职能部门和法院对发明人署名权提供保护。这可防止对发明人权益的稀释或侵犯，同样有助于提高发明人对未来收益的预期。

借助创新市场理论，我们还可以更加完整地理解该草案所具有的优点。根据创新市场理论，一项政策或者一项法规是否有助于提高经济效率，关键看它是否有助于增强创新市场的竞争性。前面介绍了草案有助于减少发明人获得的未来收益的不确定性，从而有利于发明人集中精力搞发明，或者吸引更多的优秀人才到研发队伍中来。这有利于增强创新市场上的供给者个数。此外，草案至少还可以通过以下3种方式增强创新市场的竞争性。

第一种方式是让发明人在特定情形下拥有专利权。草案第16条规定，单位拟放弃职务发明的知识产权的，发明人可以有偿或者无偿获得该职务发明的知识产权申请或者知识产权。如果将职务发明比喻成企业和发明人联合养育的孩子，拿父亲比喻企业，拿母亲比喻发明人，那么，该条款的逻辑就好比在父亲想将小孩送给他人抚养之前，必须得经过母亲同意，且母亲有优先抚养权。发明人了解自己研发出来的成果及相关领域的技术动态，让发明人拥有专利权，可以激励发明人对发明成果进行后续研发和转化。❶ 类似的条款还有第 29 条和第 30 条。第 29 条规定了单位转让职务发明时发明人享有优先受让权。第 30 条规定国有企事业单位获得知识产权之日起 3 年内没有对职务发明进行实施的，发明人可主动推进实施。

第二种方式是严格保护发明人的署名权。署名权其实是一项非常关键的权利，但人们通常没有充分意识到它的重要性。前文提到，署名权有利于保护发明人的利益不被稀释和侵犯。此外，署名权还是整个研发劳务市场的竞争机制能否得到充分发挥的关键。若无此项规定，企业可能都不愿意公开自己所拥有发明成果的发明人，从而加大其他企业从本企业挖走发明人的难度，造成发明人现在所工作的企业对其研发劳务的事实上的垄断。因此，发明人的署名权对提高研发劳务市场的竞争性具有不可忽视的作用。不允许"只负责组织工作、管理工作的人、为物质技术条件的利用提供方便的人或者从事其他辅助工作的人"在发明成果上署名，进一步提高了"发明人的署名"这一研发劳务市场上的关键信号的准确性。例如，如果没有对发明的实质性特点作出创造性贡献的人与发明人一起署名，可能给造成这样一种认识：发明人仅仅贡献了一部分，从而导致市场对该发明人的能力打折扣。这同样有损于研发劳务市场的竞争性。

第三种方式是推动企业职务发明管理行为的透明化。在新的职务发明条例草案下，企业承担着对职务发明进行管理的责任，并且接受来自专利行政部门和法院的监督。如果管理不善，将会受到惩罚。在这种背景下，当发明人认为所获报酬并不合理，并提出诉讼时，如果法院判决倾向于发明人，那么，将会推动企业主动与发明人进行事前协商和谈判，达成明确的分成比例，以激励发明人专心致志地从事研发活动。对发明人态度的模棱两可最终会对企业自身不利。这同样有助于增强研发劳务市场（创新市场的一部分）的竞争性。

---

❶ 从中可以看出中国与美国在职务发明制度上的一个差别。中国强调在企业放弃的前提下雇员才有资格对专利权进行处置。在美国，则是如果企业没有事先在规章或合约中约定权属，则属于雇员。

# 参考文献

## 中文参考文献

[1] 陈欣. 专利联盟理论研究与实证分析 [D]. 武汉：华中科技大学，2006.

[2] 包海波，盛世豪. 20 世纪 80 年代以来美国专利制度创新及其绩效 [J]. 科技与法律，2002 (4).

[3] 龚璇. 德国知识产权法的历史演进 [D]. 武汉：华中科技大学，2011.

[4] 姜晖. 美国专利法的历史沿革 [EB/OL]. http：//wenku. baidu. com/view/d897db1cc5da50e2524d7fc1.html.

[5] 贺双瑜. 风险投资中的信息不对称问题及其应对策略研究 [D]. 重庆：重庆大学，2004.

[6] 李晓秋. 美国《拜杜法案》的重思与变革 [J]. 知识产权，2009 (3).

[7] 尚世浩，胡音慧. 美国专利制度的"分水岭" [J]. 电子知识产权，2007 (7).

[8] 斯哥特·派克，陈兆霞. 职务发明英国相关法规之简介 [J]. 家电科技，2010 (6).

[9] 陶鑫良. 职务报酬的发明权属性及其创新激励探讨 [G] //上海知识产权论坛（第 3 辑）. 上海：上海大学出版社，2006.

[10] 王重远. 美国职务发明制度演进及其对我国的启示 [J]. 安徽大学学报：哲学社会科学版，2012 (1).

[11] 吴欣望. 专利经济学 [M]. 北京：社会科学文献出版社，2005.

[12] 吴欣望，朱全涛. 创新市场与国家兴衰 [M]. 北京：社会科学文献出版社，2012.

[13] 文礼朋. TRIPS 体制与中国的技术追赶——知识产权经济学的再探讨 [M]. 北京：社会科学文献出版社，2010.

[14] 杨利华. 美国专利法史研究 [M]. 北京：中国政法大学出版社，2012.

[15] 颜崇立. 美国专利制度二百年 [J]. 国外科技政策与管理，1990 (4).

## 英文参考文献

［1］ Ashby H. B. Monk. The Emerging Market for Intellectual Property：Drivers，Restrainers and Implications ［EB/OL］. 2009，http：// ssrn. com/abstract = 1092404.

［2］ Ashish Arora，Andrea Fosfuri，Alfonso Gambardella. Markets for Technology and Their Implications for Corporate Strategy ［J］. Industrial and Corporate Change，2001，10 （2）.

［3］ B. Zorina Khan，Kenneth L. Sokoloff. The Early Development of Intellectual Property Institutions in the United States ［J］. Journal of Economic Perspectives，2001，15 （3）.

［4］ Brian D. Wright. The Economics of Invention Incentives：Patents，Prizes，and Research Contracts ［J］. The American Economic Review，1983，73 （4）.

［5］ C. MacLeod，J. Tann，J. Andrew. Evaluating Inventive Activity：The Cost of Nineteenth-Century UK Patents and the Fallibility of Renewal Data ［J］. The Economic History Review，2003，56 （3）.

［6］ Carsten Burhop，Thorsten Lubbers. Incentive and Innovation？ R&D Management in German High Tech Firms during the Second Industrial Revolution ［EB/OL］. Preprints for Max Planck Institute on Collective Goods，2008，http：//ssrn. com/ abstract = 1307617.

［7］ Carsten Burhop. The Transfer of Patents in Imperial Germany ［J］. The Journal of Economic History，2010，70 （4）.

［8］ Catherine L. Fisk. Removing the Fuel of Interest from the Fire of Genius Law and the Employee-Inventor，1830-1930 ［J］. The university of Chicago Review，1998，65 （4）.

［9］ D. L. Bosworth. The Transfer of U. S. Technology Abroad ［J］. Research Policy，1980，9 （4）.

［10］ David Encaoua，Dominique Guellec，Catalina Martinez. The Economics of Patents：from Natural Rights to Policy Instruments ［EB/OL］. 2003，http：//nber. org/CRIW/papers/encaoua. pdf.

［11］ Deitmar Harhoff. Economic Cost-Benefit Analysis of a Unified and Integrated European Patent Litigation System ［EB/OL］. Institute for Innovation Research, Technology Management and Entrepreneurship, 2009, Tender No. MARKT/2008/06/D, http：//ec. europa. eu.

[12] E. Mansfield, M. Schwartz, S. Wagner. Immitation Costs and Patents：An Empirical Study [J]. Economic Journal, 1981, 91 (364).

[13] Edmund W. Kitch. The Nature and Function of the Patent System [J]. The Journal of Law & Economics, 1977, 20 (2).

[14] F. M. Scherer. Nordhaus Theory of Optimal Patent Life：A Geometric Reinterpretation [J]. The American Economic Review, 1972, 62 (3).

[15] F. Machlup, E. Penrose. The Patent Controversy in the Nineteenth Century [J]. The Journal of Economic History, 1950, 10 (1).

[16] Falvey, Foster, Greenaway. Intellectual Property Rights and Economic Growth [J]. Review of Development Economics, 2006, 15 (3).

[17] Federal Trade Commission. To Promote Innovation：The Proper Balance of Competition and Patent Law and Policy [EB/OL]. 2003, https：//www.ftc. gov/reports/promote-innovation-proper-balance-competition-patent-law-policy.

[18] Francesca Cornelli, Mark Schankerman. Patent Renewals and R&D Incentives [J]. RAND Journal of Economics, 1999, 30 (2).

[19] Francois Leveque, Yann Meniere. The Economics of Patents and Copyright [M]. Berkeley Electronic Press, 2004.

[20] Frank R. Lichtenberg, Tomas J. Philipson. The Dual Effects of Intellectual Property Regulations：Within-and Between-Patent Competition in the U. S. Pharmaceuticals Industry [J]. Journal of Law and Economics, 2002, 45 (S2, Part 2).

[21] G. Grossman, E. Lai. International Protection of Intellectual Property [J]. American Economic Review, 2004, 94 (5).

[22] G. Llobet, H. Hopenhayn, M. Mitchell. Rewarding Sequential Innovators, Patents, Prizes and Buyouts [R]. Federal Reserve Bank of Minneapolis Research Department Staff Report, 2000.

[23] Gaétan de Rassenfosse. Are Patent Fees Effective at Weeding out Low Quality Patents [EB/OL]. 2012, http：//www. nber. org/papers/w20785.

[24] Ginarte Park. Determinants of Patent Rights：A Cross-national Study [J]. Research Policy, 1997, 26 (3).

［25］ Gould, Gruben. The Role of Intellectual Property Rights in Economic Growth
［J］. Journal of Development Economics, 1996, 48 (2).

［26］ Grerory Graff, David Zilberman. An Intellectual Property Clearinghouse for
Agricultural Biotechnology ［J］. Nature Biotechnology, 2001, 19 (12).

［27］ H. I. Dutton. The Patent System and Inventive Activity during the Industrial
Revolution 1750-1852 ［M］. Manchester University Press ND, 1984.

［28］ Heller Ensenberg. Can Patents Deter Innovation? The Anticommons in Bio-
medical Research ［J］. Science, 1998, 280 (5364).

［29］ Henry Grabowski, John Vernon. Longer Patents for Lower Imitation Barriers:
The 1984 Drug Act ［J］. American Economic Review, 1986, 76 (2).

［30］ J. Mokyr. Intellectual Property Rights, the Industrial Revolution, and the Begin-
nings of Modern Economic Growth ［J］. American Economic Review Papers and
Proceedings, 2009, 99 (2).

［31］ Jean O. Lanjouw, Mark Schankerman. Characteristics of Patent Litigation: A
Window on Competition ［J］. The Rand Journal of Economics, 2001, 32 (1).

［32］ Jeremy Phillips. Strategies to Improve Patenting and Enforcement ［EB/OL］.
IPKat, 29 May 2008, http://ipkitten. blogspot. com/2009/05/strateties-to-
improve-patenting-and. html.

［33］ Josh Lerner. 150 Years of Patent Protection ［J］. American Economic Re-
view, 2002, 92 (2).

［34］ Josh Lerner. Patenting in the Shadow of Competitors ［J］. Journal of Law and
Economics, 1995, 38 (2).

［35］ Judy Naamat. The America Invents Act and Its Impact on Employers ［EB/OL］.
2013, http://theemplawyerologist. com/2013/01/.

［36］ Kanwar, Evenson. Does Intellectual Property Protection Spur Technological
Change ［EB/OL］. 2003, http://papers. ssrn. com/paper. taf? abstract_
id=275322.

［37］ Karnika Seth. History and Evolution of Patent Law: International and National
Perspective, Patent & Trade Mark Reporter ［M］. Amity University Press Pub-
lication, 2004.

［38］ M. J. Ferrantino. The Effect of Intellectual Property Rights on International
Trade and Investment ［J］. Weltwirtschaftliches Archiv, 1993. Bd. 129, H. 2,

300—331.

[39] M. Kenney, D. Patton. Entrepreneurial Geographies: Support Networks in Three High-technology Industries [J]. Economic Geography, 2005, 81 (2).

[40] M. Schankerman, A. Pakes. Estimates of the Value of Patent Rights in European Countries during the Post – 1950 Period [J]. Economic Journal, 1986, 96 (384).

[41] Markus Reitzig, Joachim Henkel, Christopher Heath. On Sharks, Trolls, and Their Patent Prey-Unrealistic Damage Awards and Firms Strategies of Being Infringed [J]. Research Policy, 2007, 36 (1).

[42] Martin Kenny, Donald Patton. Reconsidering the Bayh-Dole Act and the Current University Invention Ownership Model [J]. Research Policy, 2009, 38 (9).

[43] Matsuyama K. Growing through Cycle [J]. Econometrica, 1999, 67 (2).

[44] Matsuyama K. Growing through Cycles in an Infinitely Lived Agent Economy [J]. Journal of Economic Theory, 2001, 100 (2).

[45] Michael E. Porter, Scott Stern. Measuring the Ideas Production Function: Evidence from International Patent Output [EB/OL]. NBER working paper 7891, 2000, http://www.nber.org/papers/w7891.

[46] Michele Boldrin, David K. Levine. The Case against Patents [EB/OL]. Federal Reserve Bank of St. Louis. Working Paper Series, 2012, http://www.research.stlouisfed.org/wp/2012/2012-035.pdf.

[47] Nancy Gallini. Private Agreements for Coordinating Patent Rights The Case of Patent Pools [EB/OL]. 2011, http://polis.unipmn.it/index.php? cosa = ricerca, iel.

[48] Naomi R. Lamoreaux, Kenneth L. Sokoloff, Dhanoos Sutthiphisal. The Reorganization of Inventive Activity in the United States during the Early Twentieth Century [EB/OL]. NBER working paper No. 15440, 2009, http://www.nber.org/papers/w15440.pdf.

[49] Naomi R. Lamoreaux, Kenneth L. Sokoloff. Intermediaries in the US Market for Technology 1870 – 1920 [EB/OL]. NBER Working Paper No. 9017, 2002, http://www.nber.org/papers/w9017.

[50] Oren Bracha. The Commodification of Patents 1600-1836: How Patents Became Rights and Why We Should Care [J]. Loyola of Los Angeles Law Re-

view, 2004, 38 (1).

[51] Ove Granstrand. The Economics and Management of Intellectual Property [M]. Great Britain: Edward Elgar Publishing Limited, USA: Edward Elgar Publishing Inc., 2000.

[52] P. Klemperer. How Broad Should the Scope of Patent Protection Be? [J]. Rand Journal of Economics, 1990, 21 (1).

[53] Peter K. Yu. From Pirates to Partners: Protecting Intellectual Property in China in the Twenty First Century [J]. American University Law, 2000, 50 (1).

[54] Petra Moser. How do Patents Laws Influence Innovation? Evidence from Nineteenth Century World Fairs [EB/OL]. Working Paper 9909, 2003, http://www.nber.org/papers/w9909.

[55] Phillip McCalman. Who Enjoys TRIPs Abroad? An Empirical Analysis of Iintellectual Property Rights in the Uruguay Round [J]. Canadian Journal of Economics, 2005, 38 (2).

[56] R. Lampe, P. Moser. Do Patent Pools Encourage Innovation? Evidence from the Nineteenth-century Sewing Machine Industry [J]. Journal of Economic History, 2010, 70 (4).

[57] R. T. Rapp, R. P. Rozek. Benefits and Costs of Intellectual Property Protection in Developing Countries [J]. Journal of World Trade, 1990, 75 (77).

[58] Shih-tse Lo, Dhanoos Sutthiphisal. Does it Matter Who has the Right to Patent: First-to-Invent or First-to-File? [EB/OL] Lessons from Canada, NBER working paper No. 14926, 2000, http://www.nber.org/papers/w14926.

[59] Shubham Chaudhuri, Pinelopi K. Goldberg, Panle Jia. Estimating the Effects of Global Patent Protection in Pharmaceuticals: A Case Study of Quinolones in India [EB/OL]. NBER working papers, 2006, http://www.nber.org/papers/w10159.

[60] Steven Usselman. Patents, Engineering Professionals and the Pipelines of Innovation: the Internalization of Technical Discovery by Nineteenth Century American Railroads [EB/OL]. 1999, http://www.nber.org/chapters/c10230.

[61] Sunil Kanwar, Robert Evenson. On the Strength of Intellectual Property Protection that Nations Provide [J]. Journal of Development Economics, 2009,

90 (1).

[62] Susan Sell. Intellectual Property and Public Policy in Historical Perspective: Contestation and Settlement [J]. LOYOLA OF LOS ANGELES LA WRE-VIEW, 2004, 38 (1).

[63] Suzanne Scotchmer, Jerry Green. Novelty and Disclosure in Patent Law [J]. RAND Journal of Economics, 1990, 21 (1).

[64] Suzanne Scotchmer. Standing on the Shoulders of Giants: Cumulative Research and the Patent Law [J]. Journal of Economic Perspectives, 1991, 5 (1).

[65] T. Hellman. The Role of Patents for Bridging the Science to Market Gap [J]. Journal of Economic Behavior and Organization, 2007, 63 (4).

[66] Thomas Cheng. Putting Innovation Incentives Back in the Patent-Antitrust Interface [J]. Northwestern Journal of Technology and Intellectual Property, 2013, 11 (5).

[67] Thompson Rushing. An Empirical Analysis of the Impact of Patent Protection on Economic Growth: an Extension [J]. Journal of Economic Development, 1999, 21 (2).

[68] U. S. Department of Justice and Federal Trade Commission., Antitrust Guidelines for the Licensing of Intellectual Property [EB/OL]. 1995, http://www.usdoj.gov/atr/public/guidelines/ipguide. htm.

[69] Vincenzo Denicolò, Luigi Alberto Franzoni. The Contract Theory of Patents [J]. International Review of Law and Economics, 2004, 23 (4).

[70] W. D. Nordhaus. Invention, Growth, and Welfare: A Theoretical Treatment of Technological Change [M]. Cambridge, Mass, ch. 5, 1969.

[71] William W. Fisher, Felix Oberholzer Gee. Strategic Management of Intellectual Property: An Integrated Approach [J]. California Management Review, 2013, 55 (4).

[72] Z. Griliches. Patent Statistics as Economic Indicators: a Survey [J]. Journal of Economic Literature, 1990, 28 (12).

# 后　记

　　我早年写过一本《专利经济学》，在今天看来，尚处于起步阶段的研究。现在，摆在读者面前的这本《专利经济学》在内容和形式上都不同于早期的那一本。这种差异在某种程度上折射出我过去十年的个人经历。

　　这十年中，我与实务工作部门有了比较多的接触。我先后承担过广东省知识产权局、广东省知识产权研究与发展中心、广西壮族自治区知识产权局等单位委托的课题，还承担过国家知识产权局委托的课题，这些研究经历让我了解了大家目前关注什么问题，这有利于我筛选出有较强现实意义的议题进行写作。

　　这十年中，我从事过经济理论、经济政策和经济史的研究。除了和本书的合作者一起研究企业竞争行为和经济增长领域的纯理论问题外，我们还试图构建起解释整个人类历史演变的经济理论。理论之一便是创新市场理论。创新市场是有经济价值的新技术、新构思获得报酬的场所。我曾试图运用创新市场理论来分析当前中国经济体制改革中面临的一些具体问题，并发表过若干篇评论文章。在本书的写作中，也不时借助"创新市场的竞争性"这一概念来判断专利制度的运行效果，即判断一项专利制度调整是好还是坏的简单直观的判断标准是，该调整应有助于增强创新市场的竞争性。这种倾向受到了我们的经济史理论研究经历的影响。

　　厉以宁老师和何玉春师母曾对我们说："等你们把历史研究清楚了，再研究其他问题就容易了。"平实的语言中透露着哲理。在今天大学的经济学课堂上，教材和教师对经济世界的描述均过于静态化和碎片化。而真实世界是一个不断演化的、丰富完整的、动态的过程。经济史研究可以克服经济学学生这项认知上的不足。因此，在介绍本书各章议题时，我都专门介绍了相关议题在历史上的来龙去脉。这样，读者会明白一项制度或一种行为在最初诞生时是什么样子，又如何一步步地演变成今天这个形态。这样写，可以开拓读者的视野，加深理解相关问题的深度，也利于把握今后的发展方向。

从 2001 年跟随辜胜阻教授从事专利经济学研究至今，已经有十余年了。回顾这些年从事专利经济学的研究经历，收获之一是让我在自己研究生涯的起步阶段就直接切入到了经济发展的核心——创新这一议题上。专利权需要在市场交易中实现价值，专利市场就是我后来所关注的创新市场中最典型的一类市场。而创新市场是直接推动经济增长和结构变迁的市场。理解创新市场的演化和发展规律，就是理解经济发展的内在规律。

本书不仅适合给有意从事这一领域研究的科研人员阅读，而且适合课堂教学。我曾在给研究生和高年级本科生开设的选修课上讲解自己对创新和知识产权的理解和主张。这些理解和主张在本书中也得到了部分体现。学生之所以颇感兴趣，原因在于，展现在他们面前的，是一个动态的、不断演化的、更真实的经济世界。而这恰恰是传统的教科书所缺少的。本书为课堂教学提供了丰富的素材和案例。在写作过程中，遇到一些有价值但尚无定论的问题时，会顺便指出来，以便感兴趣的读者进一步研究。

治学其实是一种社交方式。这些年来，通过读书，我了解了别人；通过写书，别人也了解了我。写作让我逐渐拥有了一批善良好学的友人。感谢在承担国家知识产权局条法司课题期间贺化先生给予的指导。感谢国家知识产权局条法司宋建华、张永华等领导或同仁的指导和建议，感谢毛金生、韩秀成、张志成、姜丹明、雷筱云、邓仪友等诸位领导或同仁以及马秀山老师给予的指导和建议。感谢广东省知识产权局马宪民局长和徐宇发先生的多次指导。感谢谢红、魏庆华、陈宇萍、阳屹琴等领导或同仁的关心和帮助。感谢广西壮族自治区知识产权局韦志边、李佩鸿、谭钢等领导或同行，感谢桂林市知识产权局李日辉等领导和同行。感谢攻读硕士学位期间先后指导过我的文建东教授和郭熙保教授。还要感谢本书的合作者，他不仅直接承担了本书部分内容的写作，而且长期和我共同探讨这一领域的各类问题，让治学毫不乏味。

感谢知识产权出版社李琳老师、黄清明编辑在选题上提出的中肯建议。感谢黄介山先生、张明非教授这两位北京大学毕业的学长对我的不断鼓励。本书写作受到了教育部人文社会科学青年基金项目、广西壮族自治区知识产权局专利专项项目"服务于创新型广西建设的知识产权课程体系研究"的资助，深表感谢。

最后需要强调的是，近三年来，创新几乎成为各界人士所主张的解决当前中国经济发展问题的共识。提倡创新者甚众。但是，如果不充分理解各种制度特别是知识产权制度对创新的激励作用，关于促进创新的建议将多数停留在倡议层面，而非实质性地改变公众的行为，让其行为处处有利于创新，而非妨碍创新。愿本书的出版能为当前创新政策的制定提供借鉴。

吴欣望

2015 年 6 月